U0155798

斜杠人生

司徒正襟 著

开启
财务自由之路

经济日报出版社

图书在版编目（ＣＩＰ）数据

斜杠人生：开启财务自由之路 / 司徒正襟著 . --
北京：经济日报出版社，2021.10
ISBN 978-7-5196-0787-6

Ⅰ . ①斜… Ⅱ . ①司… Ⅲ . ①财务管理－通俗读物
Ⅳ . ① TS976.15-49

中国版本图书馆 CIP 数据核字 (2021) 第 189638 号

斜杠人生：开启财务自由之路

作　　者	司徒正襟
责任编辑	黄芳芳
助理编辑	张　琦
责任校对	匡卫平
出版发行	经济日报出版社
地　　址	北京市西城区白纸坊东街 2 号 A 座综合楼 710(邮政编码 :100054)
电　　话	010-63567684 （总编室）
	010-63584556 （财经编辑部）
	010-63567687 （企业与企业家史编辑部）
	010-63567683 （经济与管理学术编辑部）
	010-63538621 63567692 （发行部）
网　　址	www.edpbook.com.cn
E - mail	edpbook@126.com
经　　销	全国新华书店
印　　刷	北京荣泰印刷有限公司
开　　本	710mm×1000mm 1/16
印　　张	11.75
字　　数	173 千字
版　　次	2021 年 10 月第 1 版
印　　次	2021 年 10 月第 1 次印刷
书　　号	ISBN 978-7-5196-0787-6
定　　价	49.00 元

推荐语

/

本书对斜杠经济与多职业多身份青年成长做了全面详尽和广受欢迎的回顾。它严实地阐述了斜杠青年与社会变化之间的动态关系，因此对想要理解和分析其发展的青年学生来说具有极高的价值。

——戴华东

西班牙《侨声报》社长

斜杠青年带动斜杠经济应运而生，斜杠经济急需基础理论指导。这是一本从斜杠的副业角度，阐述斜杠青年的成长社会背景、发展原因，以及斜杠群体的社会划分，对各类人员学习斜杠经济知识，是一部必不可少的书籍。

——余丰慧

经济学家

人生何处不斜杠，一杠更比一杠强。身为投资领域的财经评论员/媒体领域的脱口秀段子手/导师队伍中的古堡酒庄庄主，我必须向所有小伙伴隆重推荐司徒正襟这本书。

——朱雁峰

财经评论员

斜杠青年是一类新的不满足于传统职业习惯的特殊青年群体。作者从这一群体的特征出发，试图更加宏观地把握这一群体对整个国民经济的影响和贡献，是一个很好的创新。作者还试图对斜杠青年提出一些方法论的指导和职业发展规划的建议，有很强的实践意义。值得推荐！

——高奇琦

华东政法大学人工智能与大数据指数研究院院长、博导

"道路千万条，斜杠有高招"。在社会分工日益细化，职业定位日益固化的当代，司徒正襟的新书向年轻人展示了一种新的可能，在鼓舞一代人的同时也为社会和经济注入了奔腾的活力，令人耳目一新。

——阙天舒

华东政法大学政治研究院副院长

从某种意义上说，我们都是"斜杠青年"，我们的标签属性折射着我们的兴趣所在，我们的自我认知，也在一定程度上决定着我们的时间投放在哪里？而你的时间在哪儿，你就可能有着什么样的人生。

——张国庆

中国社科院国际问题专家、《进步时代》《媒体话语权》作者

斜杠经济是年轻人的经济新形态，随着斜杠青年词汇的流行开来。司徒这本书通俗地将斜杠经济现象与斜杠商业形态结合的同时，还尝试进行了财商教育并给各类人群提供了斜杠方法论的实践方式，是本不错的斜杠经济通俗读物。

——张帆

广州市妇女儿童医疗中心妇幼与计划生育信息部副部长、副教授

斜杠经济是当前年轻人在职业选择上的一项利器，通过职业技能的发展引申到个人理想实现的全过程。通过积极融入斜杠经济的时代发展大潮，实现人生理想。

——刘兴亮

互联网学者

斜杠一次并不难，难的是一辈子斜杠。最终你会发现，副业才是主业。

—— 闫肖峰

中国新闻周刊总主笔、《财经郎眼》嘉宾

在看到司徒正襟这本书之前，"斜杠青年"对我是个陌生词。查考一遍才知道："斜杠"一词来源于英文"Slash"，才知道斜杠青年并不是当下产物，而是一早就有的。而且，我们身边随处可见的。在有限的时间里，探索出更多的生命可能性，做自己感兴趣的事，并力求做到极致。斜杠青年最高目标就是教你：以斜杠的多元化职业技能实现最大化的经济利益并实现最终的财务自由。I'm a Slash！

—— 萧敏

新加坡《南洋商界》杂志社社长、总编

本书很好地阐释了斜杠青年的定义，在如此快节奏的社会氛围下。很多年轻人都在选择能够拥有多重职业和身份的多元化生活，这是社会进步的体现。也是释放天性的体现。斜杠青年拥有多种行业间平行切换并获得价值的能力。

—— 袁明松

光明日报知名记者

本书从斜杠的副业角度，来阐述斜杠青年成长的社会背景、发展原因、以及斜杠群体的社会划分。从微观到宏观，解读了什么是斜杠经济，斜杠青年如何参与副业刚需的大潮中来，从而探索自己的爱好和职业发展的各种不同可能。

—— 苏剑

北京大学国民经济研究中心主任、北京大学经济学院博导、

中国留美经济学会会员

斜杠经济是内卷化时代的自我救赎还是更深层次的内卷化？著者作为斜杠青年的一员给出了自己的答案。论著既有理论的深思也有实践的指导，希望大家能从中收获自己的答案。

—— 秦海英

南开大学经济学院研究员、经济行为与政策模拟实验室主任

斜杠经济是财富创造新模式的产物，由于研发、设计、知识、信息、文化娱乐、高端服务业等软财富、软价值的创造不需要像传统农业和传统制造业那样把从业者困在村庄或生产线，从而为新时代青年重新定义职业、拥有更多自由提供了可能。斜杠经济的出现必将引起软价值时代社会组织模式的深刻变革。

—— 滕泰

万博新经济研究院院长

斜杠不是仆倒的骨牌，而是奋起的杠杆，斜杠青年只要找到支点，就能撬动世界。每一根斜杠，都是一次社会分工，也是一次资源分配，斜杠因此具有经济意义。当然，司徒的讲述会更加入木和入味。

—— 黄人天

经济学家

斜杠青年及其引领的斜杠经济是当前资本市场上的热门话题。很多上市企业本身也开始在业务方面探索斜杠化，比如茅台卖啤酒、海尔、海信做地产等。斜杠经济是应对经济结构转型的一种全新的工作和商业环境，也是当代年轻人的一种积极选择。

——皮海洲
财经评论员

我们之前总是调侃：不想当厨子的士兵，不是好裁缝。但随着互联网共享经济的发展，一个人可以被同时贴上：厨子/士兵/裁缝的标签，而且他还可以通过不同的标签，借用平台的链接来赚钱！每个人的身份都不再以组织来确定，更多的个性化标签，让这个社会经济模式更加的细分和复杂。共享经济时代对应斜杠青年，要了解经济的大背景，就得先了解斜杠青年。

——齐俊杰
财经评论员

斜杠人生

／

序1

／

我们邂逅了"斜杠经济"，就像一个妙龄美女邂逅了野兽美男，接着就成了人类经济学、发展学、进化论的一种延伸、一种繁衍、一种开化的无穷魅力。之所以叫"斜杠经济"，而非"正杠经济"，亦非"黑杠经济"，这是因为科学技术、经济创新要剑走偏锋、另辟蹊径、绝不吃人家吃过的馒头，乃创新的本源吧……为斜杠经济揭示了一片崭新、未曾有过的一片新天地：

斜杠经济破土，那就面临着大自然一种生物的播种、发芽、浇灌、栽培、开花、结果、丰收、繁衍等一个完整的过程、现象。既然是一个新兴崛起的业态，那么青年就自然是风中的主流、中坚生力军。

一讲到青年，就令人想起20世纪那让人起激情狂放的年代，杨牧先生在《我是青年》中所描述、定义的：

我是青年——

我的血管永远不会被泥沙堵塞，

我是青年——

我的瞳仁永远不会拉上雾幔。

我是鹰——云中有志！

我是马——背上有鞍！

我是骨——骨中有钙！

我是汗——汗中有盐！

不过，"斜杠青年"不是想做就能做，需理性而行，不能盲目跟风。毕竟一个人的时间和精力是有限的，"撒胡椒面式"的选择和爱好，容易导致浅尝辄止、术业不精。广大青年要以理性审慎的姿态，看待"斜杠青年"的光环，特别是要结合自身实际情况，合理制定自己的职业规划，将时间和精力用在刀刃上，真正实现个人价值的最优配置。正如马克思在《青年在选择职业时的考虑》一文中所说："我们应当认真考虑：所选择的职业是不是真正使我们受到鼓舞？"

所以，青年，你准备好"斜杠"了吗？

这就是新生代斜杠经济所指青年的秉性、本色与未来……

这就是创新、创业

按照进化论的游戏规则，青年是有血性的，是有独立的创新和创业精神的。

斜杠青年，最早出自《纽约时报》专栏作家麦瑞克·阿尔伯撰写的书籍《双重职业》，指的是一群不再满足"专一职业"的生活方式，而选择拥有多重职业和身份的多元生活的现代人群。

斜杠青年的经济现象是讲21世纪以来的一种工作趋势，以前个体依附于组织，也就是马克思说的劳动者出卖劳动力。但劳动者失去了生产资料后，只好成为资本家的附庸，老板让你干啥就干啥，受了委屈也只能忍气吞声，谁叫咱签了"卖身契"呢？但而今个体人才的地位逐渐地提高，乔布斯、马云、雷军、比尔·盖茨等用人概念也是"1个出色员工能顶500人、千人万人、甚至千军万马"，一些知名企业也愿意为特殊人才开绿灯。逐渐地，人才不再把公司当成"主人"，而是将其视为一种平等合作关系，公司只是自己的平台，自己为组织做贡献，但也获得自己应得、他人无法比拟的收入、人脉、名望、经验。囿于此，个体开始走向零工经济的状态，这里的零工不能从字面上理解为做兼职，而是个体在主业之外，根据自己的人生规划额外地做点别的事情，比如很多自媒体都是兼职在写，有的人会加入一些公益机构，并非为了赚钱，而有的人则兼职创业，目的也不是要多倍率赚几个钱，而是为了实现某些理想、远方。因此"斜杠青年"开始盛行于当今世界、许多发达国家。

窗体顶端

斜杠经济，是世界进化、时代进步发展的产物。21世纪以来，逐渐兴起的"斜杠青年"热与全球社会生产力的迅速发展、世界社会分工的逐渐细化息息相关。尤其是互联网产业的快速崛起，催生了一大批新兴职业，为年轻人展现自己的兴趣、爱好和才华提供了平台。与此同时，"技多不压身"，掌握更多的技能，提升自身含金量，增加职业选择"筹码"也成为新一代青年适应日新月异的时代发展的现实需求。特别是在疫情防控常态化的今日，很多青年都在试图加入"斜杠"队伍来崛起。

在拥抱"斜杠"中乘风破浪、后浪推前浪。与工业化时期传统职场中，单一、稳定和保守不变的工作框架相比，拥有多个职业、多重身份的"斜杠青年"，能够在更多的岗位和空间中挖掘自身潜力，拓展自我能力。"斜杠青年"不只是身份的叠加，自主选择的职业观和以兴趣为出发点的社会实践，不仅可以丰富个体的人生体验，也能进一步释放个性、激发活力，有助于新一代青年成长为多思多研的人才，在职场的海洋里乘风破浪。

"斜杠"成为新趋势

据美国《野兽日报》抽样调查，估测美国有将近三分之一的从业人员不再局限于朝九晚五的工作方式，而这部分人群高达4200万。中国亦是如此，据《中国青年报》社会调查中心数据显示，目前有近5成的人希望成为

"斜杠青年"的搏浪者，有11.1%的知识人群，已经是"斜杠经济"的主流人群了。

《我是青年》：

我爱，我想，但不嫉妒。

我哭，我笑，但不抱怨。

我羞，我愧，但不悲叹。

我怒，我恨，但不自弃。

既然这特殊的时代酿成了青年特殊的概念，

我就要对着蓝天、大地、人类说：我是——青年！

斜杠经济正充满无限魔幻魅力地走向未来世界……

巩胜利

独立经济学家、知名财经评论员

斜杠人生

/

序2

/

第一次见面时，很多人会问:"你是做什么的?"也就是想知道"你是谁?"我是谁?这是一个恒久的问题!

我可以自我介绍说，我是一个歌手/基金经理/老师/警察/餐厅老板/戏剧导演/计算机程序员/律师/艺术顾问/作家等等。每一个斜杠给我们自己一个不同的身份和角色。每一个角色，后面都有其特殊的含义。

斜杠和属性，像一条条强有力的绳索，紧紧地捆绑着每一个人的自我认知，自我的身份。这种斜杠和属性，给大家带来启示的同时，也带来了迷茫。在更多的时候，这种约束和捆绑，让人忘了斜杠背后的个人能力。

在2008年全球性金融危机中，我看到了很多人被迫下岗和失业。很多机械工程师找不到机械方面的工作，很多生化科学家找不到与生化相关的工作，很多制造工程师找不到生产的职位。多少个父亲，为了养家重担，默默地只身前往另外一个城市，另外一个州，甚至从美国回到中国，就因为要找到一个属于自己专长的工作。

● 机械工程师，除了出色的设计能力外，也许忘了自己还有一个斜杠，就是有很好的机器语言编程能力。

● 生化工程师，当制药行业衰落时，也许忘了自己还有一个斜杠的可能性，看看将海藻转化成能源的能源工程师。

● 制造工程师，当一家又一家生产企业搬离时，有没有看到自己有可能是斜杠产品设计师。市场上有太多的产品，在设计的过程中因为没有制造工程师的参与，真正进入生产后问题不断。

这种斜杠角度，对于产品也是一样。我们有一样世界名牌产品，三辊研磨机(Three Roll Mill)。对于巧克力客户歌帝梵Godiva来说，它是精炼机（Refiner）；对于波音公司来说，它是Epoxy/NanoMaterialmixer；对于美国通用汽车来说，它是Thick Film Paste Roll Mill；对于欧美的很多制药公司来说，它是大名鼎鼎的Ointment Mill！

对于创业者来说，这种斜杠概念尤其重要。一方面要了解自己斜杠后面的身份，同时还要明白自己的能力。每一个专业人士的内心深处，都有一颗与众不同的心，一种创造性。这种创造性能将自己、创始团队和提供的产品及服务按市场需求的方式表达出来。这种创造性，辅佐恰当的市场和财务方面的技巧，可以创业。

这本书能够帮助一批具有更专业的职业技巧和更高的学习能力的人加深自己的专业水平以及增强财商，了解自己的斜杠和斜杠后面的能力，以期能实现自己更高的价值，为人类谋福利。

况秀猛

任利山科技有限公司总裁

江苏鼎启科技有限公司董事长

斜杠人生

/

序 3

/

司徒的新书要出版了，他邀我写一个书序，一直奔波于各个电视台录节目，一直想动笔写，就是没有时间，只好在录节目的间隙，构思如何写序更好，更有启发性。

我与司徒认识在北京电视台的一档财经评论节目中，当时我是以投资的角度去评论财经新闻现象。而司徒更多是从新闻的角度解读经济现象，所以两者比较互补，彼此留下了很深的印象。后来与司徒几次喝茶聊天，了解到他准备从财经往投资方面转型。我觉得这是一个正确的决定。因为经济学的定义就是经世以致用。投资恰恰是经济学实践的一个战场。而司徒在传播领域，在经营企业过程中的经验，非常有助于他做好投资。

我是一个价值投资者，很多人对我说，价值投资太难了，无从下手。所以很多散户更愿意学习技术指标，最好是一招鲜。其实这个世界上，容易走的都是下坡路。技术分析是入门容易，赚钱难。价值投资是入门困难，赚钱容易。就看股民是选择赚钱还是心里舒服了。

赚钱的路上并不拥挤，原因是有一个"二八定律"难以跨越。无论过去的 100 年，现在还是未来的 100 年，股市都是少数人赚钱。这是源于，在底部买入需要克服市场的恐惧，这时只有极少数懂得企业价值的人，才敢重仓抄底，所以价值投资本身是反人性的。投资者的从众，恐惧、贪婪都是人性使然。而你长期在股市赚钱，必须战胜人性，人性是人的本性，而要成为一个理性的投资人，必须努力突破自我。

所以，我希望大家好好看看司徒的书，他从理论上，对于人性，从经济理论的角度，做了一定的梳理，对于投资人战胜自己，也许有帮助。

凯恩斯

著名经济学家、新浪知名财经博主

/

目 录

/

第 1 章

**斜杠青年的
经济现象**

001

第 2 章

斜杠青年的
职业养成
037

CHAPTER

01

第 1 章

斜杠青年的
经济现象

斜杠青年从一种文化现象逐渐发酵成一种社会经济结构。斜杠青年群体最先在发达国家产生，成为首批映入我们眼帘的一群人，就连当过总统的特朗普都是一个集政治家/商人/作家/主持人于一体的"斜杠青年"。多才多艺的他正如其夸张的口头禅表现的那样，"XX领域，没人比我更懂"，自夸的口头禅背后话糙理不糙，说明了多样化的职业才能是现代社会的人才要求。

事实上，斜杠青年组成了不同职业领域的斜杠商业体，而后聚合形成了斜杠经济。中国伴随着市场经济改革的发展逐步变强，对外开放日益加深，越来越精确的社会分工和职业化发展使得我们身边的职业越来越多，职场人才的专业属性逐步加强。笔者通过对《中国知识资源总库》的检索，国内虽然有20来篇关于斜杠青年和多重职业的文献，但对斜杠经济及副业刚需的青年多重职业现象的考察却不多。我非常认同易中天所讲的："历史应当根据时代需要不断解读。"所以斜杠经济需要明晰其产生及发展环境，进而对斜杠青年和副业刚需进行基础评判。文献不足，表明这一问题仍然颇新，值得探讨。

1.1
斜杠经济的现象

斜杠经济是一种多职业技能人才的工作方式，通过多种职业技能或者副业上的收益实现经济层面上新的收入。归根到底，每个人终生都是在探索实践自由的道路上，面临束缚是常态。现在各行各业都流行玩斜杠跨界，你看各路演艺明星，忙斜杠忙得不亦乐乎：有人做投资了，如任泉；有人玩金融了，如赵薇；网红Papi酱开始演电影，罗永浩做了带货王，让那些专职做代购的人叫苦连天。

1.1.1 斜杠经济是工业化发展到信息化的产物

整个人类的历史可以说都是建立在社会分工基础上，这是不受人力左右的历史进程。譬如，新石器时代的"农业"试着种粮食，但是同时还得会捕鱼、打猎、摘果子，不然一旦收成不好全族都吃不饱；后来出现了会选种改良品种的"专家"，他们在实践中越来越专，稻谷颗粒越来越大。耕种产出上来了，捕鱼打猎摘果子的需求降低了，需要在耕种里投入的时间变多了，"农业"就变窄了，出现专职农民。农民除了要种地，有时还得自己制作农具，做不来的，就得去买零件，后来发现还是买比自己做划算，于是就又出现了专卖农具的铁匠。农民除了要应付农具，还需要农肥，这就需要去采集一切可用之肥，包括牛粪、马粪、人粪，后来发现为了这点事反反复复进城采粪还看人脸色特别麻烦，所以19世纪用豆饼，20世纪中叶用起了化肥，于是又出现了专门制作肥料的人。

亚当·斯密曾经论述过，组织形成的分工是提升生产效率的重要方式。工业革命使得英国的城市化迅速发展，蒸汽机革命推动机械工厂逐渐产生，以往的手工工厂、小作坊的生产方式逐渐消亡。而过去失去了土地的农民成为无产者，成为了资本主义生产方式中的工人。他们的工作非常辛苦。在19世纪的英国，15岁的少年可能就要加入工厂，在工厂和矿上工作10个小时以上，这也是工人运动发起的重要起源。而现代资本主义制度在美国获得了进一步发展，实现了生产要素的分别管理。美国管理学家艾尔弗雷德·D.钱德勒的《管理的历史与现状》指出，股东和管理层的逐渐分离，使得大企业已经成为了主流的组织形式，科层制度和职业经理人开始形成。

伴随着中国改革开放和国家工业化进程，在社会技能的综合型发展和专业技术人才需要双向协调上，已存在多种职业技能同时具备的工种。国内各行各业专业化分工日益加强，无论是社会文化领域或者工业生产领域都有了前所未有的分工负责程度，工人分工的经济意义开始变成了一种社会性的普遍现象，斜杠经济成为一种基于人才本身不同定义的全新经济体，即优秀人才的要素属性在经济效益上表现为高产出。讲得通俗些，这些通过斜杠技能从事副业的人，赚得比以往的单一职业收入高得多。

工业产业的职业分工是越来越细的，且不可逆。因为职场上需要解决的问题越来越具体了，需要越来越有针对性的技术知识，甚至是一些职业上要求技能整合，比如从事投行开始要求法考、CFA和CPA三证以及硕士学历才有可能参与面试。换言之，社会分工细化前，人人都是斜杠青年，又得会这又得会那，不然活不下去。

1.1.2 斜杠经济源于不同专业的职业化教育

随着资本主义经济的发展，对于人才的技能要求和现代大学体制里相应的人才专业培训，产学研一体的职业化教育制度逐渐完善。城市大学和社区大学主要提供源源不断的经过培训的熟练劳动工人，一种专职工作人群种类开始出现，他们通过职业优势和特定的职业经验，脱离了工厂的流水线，成为专业技术人才的鼻祖，他们面对的生产工具从工厂流水线上的扳手起子、换成了格子间的电脑和iPad，看上去他们似乎拥有了更多的自由，但事实上仍然是高级流水线当中的一员。

斜杠经济的不同职业技能的获取与应用正是与越来越精确的社会分工和职业化发展相关。以往的工业产业链条从生产计划—原材料—机械设备加工—工业产品—销售的网络的生产模式，逐渐转换为商业订单—原料采购—设备采购—商品生产—品牌营销—市场销售等平行环节，正在供应链传输技术和信息技术强化下的智能物流和电子商务上逐步应用。

随着分工的存在，职业化在社会的职业选择和职业技能学习的要求是多元的，必须有一种限定与平衡。作家格拉德威尔提出"一万小时定律"，是指要想成为某个领域的专家，必须在这件事上付出一万小时的努力，投入时间与专业度呈正比关系，即"术业有专攻"。在同一件事情上，"非斜杠"付出了比"斜杠"多的时间和精力、在专业深度上很难保证不会被技术碾压。斜杠经济并不是纯粹社会经济现象，而是分工以及专业化生产等经济问题的社会化研究。

许多年轻人都有过"十八般武艺样样精通"的梦想。理想很丰满，现实很骨感。就算是你有学精学通每一样武艺的素质，但一个人有限的时间和精力，也决定了你不可能同时做到"样样精通"，这就是庄子古训"吾生也有涯，而知也无涯。以有涯随无涯，殆已！"所劝导的。

从个人意愿上看，斜杠不但可以获得金钱的回报，还能实现更符合自身性格的职业选择，弥补上大学前没有社会认知和职业规划的遗憾。那为什么很多人选择斜杠而不是自动创业呢？一个人到企业工作，要放弃很多的自由，还得听人安排，如果自己单干的话，就能够自己做主，爱干什么就干什么。自主创业需要具备很多知识的积累、成立一家公司要做到工商、税务等部门的合规，还得符合环保、城管等方面的要求，也要申报企业所得税和职工五险一金份额，并做好产品生产、包装、销售等环节的拓展，远远超过一个人的知识体系。如果自己单干的话，需要每天跟很多陌生人打交道，跟不同人讨价还价，才能把自己的产品或服务卖出去，每天还要应对各种各样不靠谱的情况，这从经济学角度叫交易成本。

对于很多苦于上班拥堵的路程、单调而乏味的工作并希望能够获得相对更多自由的人来说，斜杠经济无疑是转换生活和工作方式的一种选择，通过多点工作实现多样环境的生活，使得生活不至于千篇一律。依据经济学的成本效益原则，为了降低交易成本，很多人愿意进入公司，跟熟悉的人一起配合，花费较低的交易成本，完成项目后把劳动成果整体输送给企业。

1.1.3　斜杠经济源于对自由的探索

在互联2.0时代的变革中，消费者对生活有着更精细化的需求，斜杠经济已经成为互联网时代新的工作方式，主要表现在"时间自由、财富自由、精神自由"。娱乐、旅游、教育、文创等细分市场的传统模式已经无法满足日趋庞大、呈多样化、个性化的新时代用户需求，服务业在这场变革中首当其冲，大部分服务者纷纷摒弃"公司+个人"的社会模式成为斜杠经济从业者。美国有超过5300万自由职业者以斜杠职业为生。

"金钱买不来自由，但能把自由卖掉。"20个世纪八九十年代，被"文革"耽误的一批年轻人选择出国深造，许多人在踏上异国他乡时，口袋里只有几十美元。面临生活压力，他们的唯一选择就是先找到一份可以糊口的工作。而当时最容易的工作就是到华人街的中餐馆洗盘子，有的人为了多挣钱还会穿梭于不同的餐馆，同时打多份工，慢慢形成了华人"三把刀"的海外艰辛创业史。而要成为斜杠青年，先得实现财务独立，才能做到在工作之余利用才艺、能力、闲置固定资产等优势做一些喜欢的事情，虽然也可以得到一些额外的收入，但收入已不是第一位的追求。如果额外收入成了第一追求，恐怕很难保证能做"喜欢的事情"。

自由的斜杠青年主要出现在哪些行业呢？深圳商报编委米鹏民认为有两种：第一种是出现在单位工作时间回报率最高的那些行业里。第二种是出现在无须为生计担忧的人群里。花费大量时间学习专业知识，努力接近专家水平，归根结底还是一种讨生活的方式，因为你得确保你从大学毕业的时候，是一个被行业需要的有用之人。唯一可以从这种时间使用方式里解脱出来的，就是经济方面从一开始就不受此法则约束的人，即早早地就实现财务自由的人。他们可以涉猎各种他们觉得有趣的事情，从事多种事业，不求最精，但求在这样的交叉中撞击出自己觉得有意思、有意义的火花。

更多的人开始转变自我价值实现的传统观念，利用自身的多重技能和时间来参与斜杠经济中，获取更多收入，实现更高的自我价值，满足精神、财务、服务上的自由需求。一旦有人愿意为你的兴趣爱好买单，你就可以用你的它们来谋生了。想想是不是就觉得很开心呢？这个世界一直是多元而精彩的，追求安稳本没有错。若是为了安稳，画地为牢，自我设限，那可就得不偿失了。

大量斜杠经济从业者的出现导致个人职业的多重性成为可能，促使个人固定资产价值的资本变现成为个人收入的主要来源之一。Uber、滴滴、嘀嗒等网约车平台的出现，在满足上千万人出行需求、让成千上万的人拥有第二份收入的同时，也让"共享经济""多重职业的个人价值""斜杠青年"等概念融入社会各年龄层群体中。以往很多人不喜欢自己的工作，或者在工作后发现自己根本不适合干这行，但因为专业、经验、资源受限，不能自主选择自己喜欢的工作，这个时候就可以用斜杠作为转型期的过渡，增加跨领域的经验。尤其是在2020年新冠肺炎疫情的影响下，很多人的日常生活受到了影响，意想不到的开销增加了不少，单一职业的工作不能满足日常生活所需。面临这样的突发情况，如果能够具备一两项斜杠职业技能，老早进行相应的斜杠岗位尝试，就能以备不时之需，随时开启斜杠职业为自己的家庭收支设立"双保险"。斜杠的工作也可以诸多尝试，做几种完全不同方向的工作，看自己在做哪些事时更有优势，以此来增加安全感。

互联网也给职场带来了更多的自由可能。随着互联网技术的发展，不仅通过网络可以拉近由于地域造成的距离感，同时网络留言，也解决了不能时时在线的时间差，让人们的角色变化更便利，让人与人之间的联系更便捷多元，大大降低了网络交易的成本。同时，还能让人摆脱上班过程中的限制和束缚感，释放自我。这使得一些人可以利用业余时间选择自主交易的斜杠生活，白天在办公室朝九晚五工作，晚上回家就经营自己的公众号、自媒体、专栏作家、网络教师、健身教练、心理顾问师，都是一种职业的斜杠方式……斜杠青年通常会先选择一个自己感兴趣的领域利他分享，获得认可后，开始慢慢从事这一职业。

总之，能不能成为斜杠青年，需要为自己多设几面"人生的镜子"，而不是简单地模仿、向往。说白了，斜杠青年不是什么值得神化和追求的目标，而是经济发展的客观产物。微观个体来说，只要舍得投入时间钻研自己喜欢的事情，人人都可以是斜杠青年，毕竟我们不用像我们的祖先那样再为果腹奔波了，少追点综艺，时间就省出来了。所以，不必为成为不了斜杠青年而焦虑，也不必因为带着"斜杠感"就沾沾自喜。斜杠青年的出现，打破了行业内部垂直向度的比来比去，是一种健康的情绪和能力的出口。

小结

罗永浩在某次演讲中说过：农耕时代，时间就是金钱；工业时代，效率就是生命；信息时代在互联网裹挟下的我们遇到的是：科学技术就是生产力，不同的技能就是金钱。这个时代需要的是各种各样的产品和服务，去满足各种刚被挖掘的新需求。本职工作已经占据很多时间，只能牺牲更多的休息、娱乐的时间，提高工作效率、高度自律，利用碎片化时间自我提升，坚持不懈的投入。

在斜杠经济的大环境下，你可以自由选择何时、何地、以何价格出售自身的何种技能，例如陪运动、陪吃饭、设计手绘等等技能，实现自己的副业收益。互联网通过其自有的信息传播优势和无限低的信息传播以及获取成本，成为链接消费者与服务者，帮助服务者、消费者从传统的定点、定时消费服务，转变为真正的时间、空间、服务自由，让双方在"自由"的前提下，各取所需，各得其所的自由交易场所。新型斜杠经济模式下"个人即平台"的出现，就是为了解决多重技能的自由职业者们，在摒弃了"公司+个人"的传统模式后，快速匹配消费者的问题。而斜杠青年，这是在新时代综合竞争力和专业化职业技能下应运而生的积极向上的青年群体。

1.2
斜杠经济的青年参与

1.2.1 斜杠青年的定义

斜杠青年源于英文Slash，出自《纽约时报》专栏作家麦瑞克·阿尔伯撰写的书籍《双重职业》，指的是一群不再满足"专一职业"进而选择拥有多重职业和身份的年轻人的生活方式的人群。

国内最权威的解释是我在中国日报英文版采访时提到的：斜杠青年其实是现代社会精细分工发展下的多元技能综合人才。

当人类从工业时代进化到信息时代。劳动力所能摄取的知识广度和深度都有了不同程度的提升，现代小学生的知识储量已经高于20世纪末的成年人一生的获取量。事实上教育的发展使得人本身具有了多项技能，信息技术的发展使得人口不再依附于生产资料，获得了空间上的自由。而城市的集约化大大降低了人的交流成本和时间耗费。也就是说，斜杠是科技进步和教育进步的一个社会分工精细化的外在表现。

明星、大咖也是"斜杠青年"一族。

冯小刚：导演／演员，凭借《老炮儿》获得第52届台湾电影金马奖最佳男主角奖。任泉：演员／制片人／天使投资人，与李冰冰和黄晓明合伙成立火锅店，与李冰冰、黄晓明发布StarVC计划，也成为了天使投资人。很多人都熟悉的王思聪，单讲职业，他就是个网络红人、投资人、专业游戏玩家和公司董事长，算是一个多重身份的斜杠青年。

有学者对斜杠青年的不同职业选择现象进行了定性判断，积极的评判有：斜杠青年是漫步在理想与职业舞台上的新群体①，是个人与社会的共同选择②，是一种全新的工作生活模式③，是"多向分化潜能者"的本质与特性的体现④，它将人的优势组合发挥到极致⑤。略显消极的观点有：斜杠青年是一群去专业化的人⑥，斜杠身份存在某些泛娱乐主义的政治隐患⑦。

斜杠青年是一群直面社会对个人的消解、拒斥既有的所有假设，长期被禁锢的年轻人，他们必然不会妥协，不愿意被预设人生。基于个人能力、专长来发展多重职业身份、获得多份收入的新型工作群体的他们通过嵌入新的工作情境、表达真实自我、消解个人的无力感和价值感的迷失，并将规划和改造自我置于动态和持续的反思过程中，获得自我认同，最终达到自我实现。

不同人的先天条件千差万别，斜杠职业的选择过程中很容易面临能力和资金上的不足，也可以理解，发现人与人之间的差距并不是一件多么难堪的事。相反，正是因为斜杠经济从业者发现了收入和人生探索上的差距才使得斜杠青年有动力去努力成长，去努力缩小差距，去努力接近那个既定的目标。斜杠经济参与者们努力赚钱，并不是为了对抗命运，而是不断试探命运留给我们的空间究竟有多大。斜杠化意味着机会多元，自己成为职业多元化的斜杠青年势在必行。

分享经济时代，选择多重职业和多元化就业身份的年轻人被称为斜杠青年。利用空闲的时间和金钱培养几项新的能力，是开启未来职业发展的新通路。斜杠青年体现了年轻一代不满足于单一生存技能、单一生活方式，探索

---

① 黄英.斜杠青年：漫步在理想与职业舞台上的新群体［J］.中国青年研究，2017（11）：81-86.
② 刘鹏."斜杠青年"是个人与社会的共同选择［J］.中国就业，2017（4）：57.
③ 江天晓.斜杠青年：一种全新的工作生活模式［J］.决策，2016（11）：86-89.
④ 吴玲，林滨."斜杠青年"："多向分化潜能者"的本质与特性［J］.思想理论教育，2018（6）：99-105.
⑤ 汪水.斜杠青年：将你的优势组合发挥到极致［J］.商学院，2016（11）：112-113.
⑥ JHONY CHOON YEONG NG，等.一群去专业化的人——斜杠青年的事业发展研究［J］.中国人力资源开发，2018（6）：109-120.
⑦ 陈昌凤.斜杠身份与后真相：泛娱乐主义的政治隐患［J］.人民论坛，2018（02下）：30-32.

更多选择、期待更多可能的自身价值追求。"斜杠"同时也呈现了青年积极
向上、善于学习的精神状态，也为当代年轻人干事创业、多元发展提供了跨
界能力。

1.2.2 斜杠青年参与斜杠经济运作

成为专业斜杠的从业者大多是年轻人。

首先，这个社会上有着数量庞大的青年从事斜杠职业。大多数斜杠职业
从业公众比较赞同斜杠职业身份，62%的人认为青年人将自己的兴趣、爱好
发挥出来值得鼓励[①]，这也是斜杠青年的由来。斜杠青年的出现，颠覆了单
一雇佣制的劳动模式，让人力资源流动起来，达到了充分、可重复的利用。
也带来了对现有组织运作方式、组织吸引人才的手段乃至社保体系的变革。

据中国青年报社会调查中心数据显示，目前有近5成的人希望成为斜杠
青年，有11.1%的人认为自己已经是斜杠青年了。观察身边的人，你会发
现，越来越多的人不是正在斜杠，就是走在准备斜杠的路上。各类职业中，
设计/市场/公关/广告这类创意性岗位灵活就业的情况比较多，有斜杠收入
的比例分别为13.0%、12.4%，位居前两名；其次是运营和法务，有斜杠收
入的比例分别为10.6%、10.5%。新诞生的企业组织，你可以不为自己挣
钱，但你必须为组织的生存而追求钱。创业的方式有很多：包括餐饮行业斜
杠、日用品行业斜杠、食品生产方面的斜杠、专卖店方式的斜杠、手工艺术
品的斜杠等等。

谢俊贵教授、吕玉文博士在《斜杠青年多重职业现象的社会学探析》一
文中总结：综合已有研究并结合现实考察，可以看出斜杠青年多重职业现象
的主要特征：一是职业主体年轻化特征。这一点无需解释，现在的年轻人文

---

① 专一职业太无趣?来试试做"斜杠青年"[EB/OL].http://news.xinhuanet.com/video/sjxw/2017-
02/03/c_129464660.htm.

化水平高，见多识广，有当斜杠青年的良好基础。二是职业结构多重化特征。斜杠青年的职业不是单一职业而是多重职业，且往往不是在同一职业内的身兼数职。三是职业界限模糊化特征。斜杠青年多重职业之间虽有界限但不甚明显，具有一定关联性，这有利于职业间的跨界渗透。四是职业运行共时化特征。斜杠青年从事的多重职业，大都能在一个共时系统中运行。五是职业手段网络化特征[①]。

在现今的职业竞争中，愿意学习一些别样职业知识的群体日渐增多，年轻人正是这个群体的主力。他们有着几个典型的特征：出生于第三产业发达的后工业时代，拥有的物质资料远超前辈，接触的文化知识更加先进。伴随互联网全球化的普及，这一代年轻人见识多、兴趣广，他们更愿意尝试自己真正感兴趣的工作，而非仅仅找一份养活自己的"饭碗"。于是在社会的发展和对自身的要求下，这些年轻人走上了斜杠之路，成为了一名斜杠青年。在他们的职业生涯中，斜杠对他们而言不仅是收入的主要来源，更重要的是斜杠能给自身能力饱满的他们带来更多的机会成本，让他们有着凭自己一飞冲天的扎实基础。

当然，斜杠也是一种基于自身兴趣的专业化运作方式。当智能化分工增加了劳动生产率的同时，现代社会的工作环境和工作压力也日益彰显。爱好的发展和普及是健康的调理方式。每个人都有着自己的工作属性，但也不妨碍其人格的形成，这包括颜色喜好、食物喜好、性取向、宗教信仰，等等。

当爱好变成可以获利的方式，斜杠就成为一种商业实现渠道。很多人终其一生却只能给自己贴一个工作的职业标签，例如："司机""总经理""设计师"之类。而总会有永远只想做少数人的一小撮人不满足于单一标签，比如演员吴京曾经想要有一个自己专属的广为人知的武术动作，然而他现有的标签是爱国。斜杠青年他们的一生是不断往身上贴各种标签和斜杠的一生，这些标签的建立是基于他们是对自己进行探索、实验与发现，不断遇上新的

---

① 谢俊贵、吕玉文.斜杠青年多重职业现象的社会学探析［J］.青年探索.2019（2）：37.

自己。

工业时代，行业细分，让机器规模批量的生产成为可能，造成了物质的极大丰富。经济学的价值理论认为稀缺的才是有价值的，所以，互联网时代，传播变得容易，但是受众有限，产品丰富，人的精神需求变得贫乏。人的注意力变得稀缺，现在如果能吸引别人的注意力，而且持续地吸引住成为最大的赢家，需要实力来支撑。斜杠青年是有技艺优势的，通过技艺吸引人的注意，活动范围依靠互联网技术越来越大，可以选择的机会也越来越多。一般人做着一份自己不喜欢的工作，却没有选择不做的权利，而斜杠青年则多了一个选择的权利。

斜杠青年是现代社会发展和青年特质结合的必然产物。他们是直面社会对个人的消解、拒斥所有的假定，基于个人能力、专长而发展多重职业身份、获得多份收入的新型职业群体的代表。斜杠青年在多重职业的选择中形成了一个特定的目标，更容易参与新经济形态中，确定一个多样化的职业选择。

小结

斜杠青年的自我认同来自个人目标实现的成就感。他们动态地自主规划和改造自我职业发展、持续反思发展中出现的问题，在不断接近和达成目标中增强自我认同感。因此，斜杠工作不仅仅是一种兴趣、乐趣或职趣，也成为斜杠青年在摆脱了职业束缚和身份捆绑之后，聚合起积极向上的职业动能和自信豪迈的前程憧憬。并且，斜杠青年能够依据个人能力的增长，有规划地、动态地调整职业前进的方向，逐渐实现目标。

1.2.3 斜杠青年的经济压力

社会主义市场经济发展伴随着经济体制改革之路，中国的现代化生活给民众带来了全新的生产生活方式，也给中国职场上的职业经理人提出了全新的专业化和管理能力要求。

中年是职场的一道分水岭，尤其是互联网界流传已久的"35岁大限"使很多人如履薄冰，迫使许多职业经理人提早谋划着创业。职业经理从各种职业或者行业入手，实现自己的斜杠之路、就需要完整地理顺创业的各个步骤，做好创业各要素的准备环节。

新时代的年轻人，好工作的标准不再是"钱多、事少、离家近"，更重要的是在工作中实现自己的价值，是否做着符合自己兴趣爱好的工作。正如托克维尔所说的那样："这是一个激烈的社会而不是一个深刻的社会。这是一个广泛的社会而不是一个多样的社会，人们追逐实际却又不脚踏实地。在这样的社会中，心灵应该如何安置，理想应该如何寄托？"

而互联网的存在，打破了工作时间、空间上的限制，远程办公和线上工作的便利性让斜杠青年们拥有了更多的可能性。罗振宇曾经提出过"U盘化生存"的说法，他认为未来每个人都应该做一个U盘，可以自由地接入组织的接口当中。不管是U盘化生存，还是斜杠青年，这些新名词的出现，其实背后都说明了斜杠经济大潮的来临。对于一个能主动跟上时代步伐的人，斜杠无疑是一种趋势，会使人充满期待，充满"安全感"。

如何应对不确定的未来和变化的世界、如何排解可能来临的巨变造成的巨大的"安全感缺失"，无非是八个字：主动学习，自我精进。你最好做到先时代而变，至少要做到与时代一起奔跑。这也是斜杠青年的基础方法论。持续学习，这四个字早已经不是超越他人的筹码了，它早已成为每个人在未来谋求生存的必备要素。唯有这样，才能在变化中获得安全感，才能不被未来的浪潮所颠覆，才能在这个斜杠时代立足。

斜杠青年的多重职业往往并不是同一职业内的身兼数职，职业与职业之间的联系可能不大，本质上可能相差甚远，这就对斜杠青年自身素质有着比较高的要求①。真正在根本上左右一个人一生发展轨迹的，不是命运，不是运气，不是外因，甚至不是一时的学历和能力，而是作为斜杠青年的你具备着怎样的人格。在重重压力下，斜杠青年想要实现斜杠经济的社会化融入，就看你是否足够细心，是否足够自律，是否值得信任，是否愿意主动地去解决问题，这些积极的性格特质，才是你成功跨入斜杠时代真正的钥匙。

在斜杠风潮的背后，其实反映的是年轻人对于资本主义必然发生的经济危机的恐惧。趋于疲软的全球经济形势和年轻人越来越强烈的不安全感，促使他们选择"斜杠"身份，也许只是因为他们中的许多人不再相信社会的稳定性，也不相信依靠长期勤恳的努力便能获得成功和阶级的跃升。现在这个互联网时代，许多墨守成规以出卖劳动力工作获得的收益已经远远填补不了这个时代所带给我们的焦虑。再遇上点天灾人祸，一旦主要经济来源被切断，可能一个家的经济支柱就会崩塌。

时代变化太快，计算机技术和软件算法的不断迭代，使得程序员行业和大数据工程师这类职业都面临着技术更新带来的职业技术替代，很多人工智能的项目更是在解放双手的同时把一些简单劳动工作给取代了，造成了一系列行业的失业率上升的现状。虽然说技术进步会带来新的行业和新的产业工人，但是以往被淘汰掉的行业和产业工人就彻底失去了依赖原有职业技能糊口的工作，彻底被劳动力市场排挤出去，除非进行新的复杂劳动技能的学习，实现再就业。谁也不知道自己现在所从事的职业，哪天就成了夕阳行业，或受政策影响、面临淘汰。

对于很多斜杠青年来说，不同职业身份承担着不同的功能，有的用来维持温饱，有的用来满足兴趣。比如，白天在金融行业工作8小时，晚上从事自己喜欢的写作。斜杠，让他们在多重身份中体验更多元的生活，满足多层次的兴趣。

① 谢俊贵，李玉文. 斜杠青年多重职业现象的社会学探析 [J]. 青年探索，2019(2) : 1 - 12.

━━━━━━ 小结 ━━━━━━

斜杠化的人生没有年龄壁垒，无论什么年纪都能积极参与其中。年仅11岁、来自澳洲的男孩尤马·索瑞安托就是现有的最年轻的斜杠青年。他在Twitter上这样介绍自己：iOS App开发者、国际演说家、Swift程序语言老师、跆拳道黑带，堪称是最年轻的斜杠代表。

尤马已经开发7款App，并获邀参加Apple全球开发者大会（WWDC）。这是因为Apple在2016年推出Swift程序语言及Swift Playground教学软件，让初学者都能学习写程序。而尤马就是透过这套软件成功开发App，包括堆砖块游戏：Let&'s Stack，找餐厅App：Hunger Button，天气应用App：Weather Duck等等，让他获得2017和2018年的WWDC奖学金。在WWDC的会议上，尤马甚至当场向Apple执行长库克（TimCook）秀出自己的作品，让库克对这个少年的创意及潜力留下印象。

事实上，教育的发展使得人本身具备了多项技能，信息技术的发展使得人口不再依附于生产资料，获得了空间的自由。而城市的集约化大大地降低了人的交流成本和时间耗费。也就是说，斜杠是科技进步和教育进步的一个社会分工精细化的外在表现。

1.3
斜杠青年的产生背景

1.3.1 斜杠推动源于社会分工

每个人都应该活得快乐并有价值。经济学从社会的角度出发，将斜杠存在分工的大环境进行剖析，解释了生产力进步下生产关系自发变革的过程。

社会形态的变革是社会化力量的体现，在涂尔干的《社会分工论》中，社会化的人的自我意识的行为是社会，社会是一切现象的根源。

早在远古时期，人类为了更好地适应自然环境的多变和生存境地的不安全性，需要通过适应性的训练来获得独当一面的生存技能，并尝试运用不同的技艺去应对随时可能出现的新的生存状况。或许，人的本性就是喜欢多元的生活与环境，喜欢利用不同技能来迎接新挑战[①]。人类文明从奴隶社会到封建社会，以及工业社会和现代文明，事实上跟随着一个社会分工的细化而存在。个人和社会的关系也是动态的，社会越发达，我们越会看到一个更加独立自由的个人存在。这也是斜杠青年追求的最高的自由价值。自由的实现是基于社会基础和经济基础的，是斜杠青年的精细化最好的解释，也是一个复杂的社会学分工的议题。

随着社会分工的深入，社会的团结纽带在发生变化。维护社会团结的集体意识的力量在变弱，个人逐渐从群体中解放出来。人与人直接的联系不再是直接的联系，而是以物为中介的联系。这种社会整合更加具有互动的灵活性，个体更具有自由活动的空间。

整体的个性与部分的个性得到了同步的发展，社会能够更加有效地采取一致行动。个人与社会就像生物体的各个器官和生物体。这一类的社会整合称之为"有机团结"。社会分工形成的有机团结较之于机械团结更加具有社会整合功能，是文明进步的集中体现。也就是说，人的价值始终无法脱离社会和集体存在，每个人以其分工扎根于团结社会。

斜杠是经济行为的社会化呈现，是社会发展到某个阶段会出现的必然。社会现象一定是经济行为的表现。斜杠本身是一种社会经济现象，所以我们先考虑经济现象的产生原因。斜杠经济并不是纯粹经济现象，而是分工以及专业化生产等经济问题社会化研究。在斜杠化的时代中，更好找到自己的财

---

① 郭小婷".互联网+"时代生涯教育的"供给侧改革"[J].长江论坛，2017(1):70.

富实现路径，实现创业并完成人格独立和财务自由的目标。

现代化的精细分工方式产生了斜杠青年的基础环境。斜杠的经济现象是生产力在社会和经济上的表现。斜杠的精细分工存在历史继承并构成现代化文化基础。

西斯蒙第是社会经济学创始人，他是法国古典政治经济学的完成者。西斯蒙第所处工业革命时期，社会产生了一种完全不同于亚当.斯密所说的"主观为自己、客观为社会"的生产目标和经济形式。诚然，"资产阶级在它的不到一百年的阶级统治中所创造的生产力，比过去一切世代创造的全部生产力还要多，还要大"。可是，巨大的生产力进步并没有使整个社会居民从中获益。

更为严重的是，新型工业社会在经历了1816年~1822年、1825年~1831年和1839年~1842年的经济危机之后，工人、农民和其他社会底层群众的生活更艰难，前途更加渺茫。分工在工业社会，强化了阶级属性和阶层，事实上很多人永远固定在简单重复劳动的职业上，没有一点社会人的价值感。

斜杠是经济行为的社会化呈现，是社会发展到某个阶段会出现的必然。社会现象一定是经济行为的表现。正如上面提到的，现代化的精细分工方式产生了斜杠青年的基础环境。斜杠的经济现象是生产力在社会和经济上的表现。

1.3.2 斜杠摆脱了工业时代的机械劳动

任何一个岗位，都不是独立存在的，岗位归根结底是社会分工的结果。它是你所在的部门、你所在的企业、你所在的行业的一个节点，你需要和上游的节点、下游的节点保持顺畅的沟通，了解他们的需求，清楚他们的目的，在此基础上做好自己的本职工作。

查理·卓别林的电影《摩登时代》用其天才般的表演技巧讽刺了工业化规模生产的病态。偏执的工人形象以及机械化的反差冲突激化了电影中的各类矛盾，正是这些矛盾使得电影里简单的扳手、螺丝等道具更加冲击人们的感官。将默片时代的层层社会矛盾剖析在人与机器、人与社会的矛盾中显现出来。

人与机器的冲突体现在《摩登时代》中工人与资本家的矛盾。

由查理·卓别林扮演的男主人公查理是一名流水线上无差别简单劳动的钳工，他日复一日地在生产线上拧螺丝钉。长期的简单劳动毫无疑问使得劳动者熟练技能加强，生产力水平提高，简单化机械化的流程性工作使得查理日益僵化。资本家的诉求就是最大利益，在生产成本既定的情况下提高劳动者的产量是资本家的最大需求。

生产线的速度加快的同时进行机械化喂食，所以剧中一个让人惊愕的喂食机器的产生，以及简单的无差别劳动，使得查理丧失了人的理性意识。开始以机械化的行为代入社会生活中。最后以进入精神病院悲剧收场。工业化的简单重复生产是伴随着工业革命开始的。人与机械的博弈被提上了日程，最后就产生了越来越精细的社会分工。

电影以一种艺术表现了资本主义生产关系中的人与机器的博弈，但更重要的是将一个人的价值的议题提上了日程。社会人存在的目的是什么，人的价值是否依存于无差别简单重复劳动。斜杠的存在，事实上是一种博弈，工作分工和一种生活分工乃至社会属性分工加以区分，并实现经济利益的过程。

人的定义就是"社会人"，人是群居的社会化动物。从心理学上看，人的存在本身需要一定的社会价值。然而在工业社会当中，人却往往不能得到这份社会价值认可。

马斯洛需求层次理论是小样本化的无效分析，虽然没有数理上的科学性，但一直被广泛应用于人的需求度量。马斯洛需求层次理论是人本主义科学的理论之一，由美国心理学家亚伯拉罕·马斯洛于1943年在《人类激励理论》论文中所提出。书中将人类需求像阶梯一样从低到高按层次分为五种，分别是：生理需求、安全需求、归属和爱需求、尊重需求和自我实现需求。

电影中的查理和女主人公并没有基础的生活意境，甚至连自己的物质基础都难以实现。

在改善工业化带来的弊端上，经济学界的领军人物大卫·李嘉图、托马斯·马尔萨斯、詹姆斯·穆勒等提不出任何有远见的见解或政策，以帮助解决社会分工带来的人的价值和自我实现成了社会困局。因此在对《救济法》的讨论中，一些人说这干扰了自由，违反了政治经济学原理。

社会经济学是探讨个人的经济活动和其所处社会环境的互动关系，包括了个人在既定社会环境下的选择、个人企图改变现行社会环境的行动、以及社会环境的演变等。斜杠经济从分工演化过来，其实是经济条件的社会化表象。斜杠本身就是社会群体的撕裂状态，将社会经济学应用到分工等领域的表现。

分工的专业化和职业化在提升人的劳动时间和熟练职业技能的同时，极大提升了生产力。生产力的进步使得整个人类文明进入了更加高效快速实现极高的知识积累和文化认知的信息化社会。从一个单一的人到社会人到具有极高生产力的同时实现了部分的空余时间的个体。Slash的出现正是由于人的时间的解放和专业化程度更加细分。工业化时代不得不依靠的人的机器空间和时间的维度变得多样化。人性的力量产生了各种兴趣爱好以及自身的各种群体性属性积累。

现实的每一个人都可以在自己所属的圈子里或者圈层里形成自己特有的影响力。斜杠青年必须不断地去加强自我的学习，了解产品、了解行业、了解用户、了解相关的专业知识。不断的学习和进步，会使得你在自己的岗位上逐渐驾轻就熟，同时积累很多相关的技能、资源、知识。

当然，职业的细分认识存在代际认知差异，毕竟细化的职业是世界市场形成后的工业分工的旧工业化社会的产物。斜杠经济下的职业多元化，与其说是自己职业可能性的探索，不如说是主动学习劳动技能为职业跨界提供多样可能性，降低因经济原因或者科技进步带来的行业性失业状况。斜杠经济的存在使得人本身找回了兴趣、价值观和理想。如果将这个问题时间维度平移。您认为您的小孩对电子产品的理解与您自己相比呢？生产力的发展随着科技的进步而产生，这意味着需要不断地了解和学习新的产品和技能，而同时代的人来看，这个学习是个伪命题。70年代的产品经理来讨论90后的喜好进行产品设计，还不如让90后直接自己进行产品设计。

笔者在山东长大，这里的家庭教育相对较保守，在帮助自己的子女进行大学职业选择上多数会帮助孩子选择文史哲等稳定相对的工作。但中国的工业化进程已经基本完成，整体的产业升级已经迈入信息化相配套的服务业中。短视频、动漫、大型手游这些以往会被看作不务正业的玩家反倒成了市场稀缺的人才。这是山东整体的社会文化封闭、产业结构落后带来的家长对未来职业发展认知上的落后。

斜杠青年的专业化和职业化也是他能担得起这个斜杠的根本要素。能够成为斜杠青年，本身也意味着他们在某行业投入了大量的时间实现了职业专业化所需的技术积累。每一个分支代表着一个社会的属性，社会分层的变多，事实上是分工开始更加精细化的产物。斜杠的产生，事实上解放了单一生产力和生产关系束缚下的个体劳动力，在多元化的博弈性社会里，根据自己的比较优势进行时间价值的有效选择，实现一个效益的最大化，这是符合社会总价值帕累托最优的。

1.3.3 人的价值追问——生活的牢笼

分工的专业化和职业化是一个职业发展阶段。在提升人的劳动时间和熟练职业技能的同时，伴随着生产力的进步过程，人类文明融入了更加高效、快速实现知识积累和文化认知的信息化社会。经济学从社会的角度出发，将斜杠存在分工的大环境进行剖析，解释了生产力进步下生产关系自发变革的过程。

从一个单一的人到社会人再到具有极高生产力职场人的转变，要应对人的价值的追问。斜杠的出现正是伴随人在时间上的解放。转型中的中国正经历前所未有的巨大变革，青年人作为社会的中坚，其价值层面的"个体本位"空间和规范层面的"自由取向"空间随之扩大①。

社会发展促进社会分工进而带动社会形式整合。大量的论据表明，人体的社会性差异在不断变大，因此建立在个人之间相似性的职业挑选模式使得个人职业选择机械化。并不是每个高个子都要去打篮球，也不是每一个山东人都会开挖掘机。具有灵活性的社会职业选择整合使得每个职业个体在这个社会职场有机体中都发挥着自己独特的作用。

互联网的发展使人们获取知识的途径愈发便捷。在教育上随着"B站大学"和知乎等知识平台的专家更新使得信息获取更加多样且公平。与此伴随而来的是生产性组织形式对个人的束缚力越来越小，一定程度上将人们解放出来。个体的不断分化导致个人人格更具鲜明，集体意识很难再涵盖所有个人的意识，集体意识的平均强度也在减弱。

为什么会出现斜杠青年？"斜杠"代表了怎样的时代特色，斜杠赖以存在的大背景是什么？零工经济日渐壮大的趋势，是否对传统公司制构成挑战？斜杠青年与零工经济之间的关系究竟如何，等价？交叉？包含？或是高低层次的关系？零工经济和斜杠青年的未来，是日渐壮大，乃至成为社会主要群体还是如流星般炫极一时，随后付诸泯灭？

有多少人真真正正活在这个时代了呢？我们现在的白领和过去爸妈的车间职工又有什么区别，每天为了所谓的稳定，牺牲自己，有一部名为《盒子》的短片，里面全都是小树干，它们头都是平的。有一天，一个新的树苗诞生，它不安于这种现状，最后逃脱了。

可是现实生活中，又有多少人知道自己正生活在牢笼中，又有多少人敢于逃脱呢？当一个人本身具有能力和某种强大的技能的时候，他可以不被周围的世界所束缚，可以去选择他想过的生活，这一切的前提都来自于他这个人本身知识和技能的优秀。

---

① 陈映芳"青年"与中国的社会变迁[M].北京:社会科学文献出版社，2007:240-241.

成为优秀的斜杠青年，我们要有强大的软实力，包括完整的知识结构，1~2 门达到熟练级别的技能和清晰的思考以及写作能力，在准备阶段花大量时间进行自我投资是非常必要的，这将换来你的核心竞争力，它也是你个人发展的基石。

1.3.4　社会分工中的斜杠职业

社会形态的变革是社会化力量的体现。涂尔干在《社会分工论》中提到，社会化的人的自我意识行为是社会，而社会是一切现象的根源。工业社会最基本的表现就是社会团结的集体意识。个人和社会的关系也是动态的，社会越发达，我们会看到更加独立的个人存在。

随着社会分工的深入，社会的团结的纽带在发生变化。维护社会团结的集体意识的力量在变弱，个人逐渐从群体中解放出来。人与人直接的联系不再是直接的联系，而是以物为中介的联系，个体更具有自由活动的空间。整体的个性与部分的个性得到了同步的发展，社会能够更加有效地采取一致行动。个人与社会就像生物体的各个器官和生物体。这一类的社会整合称之为"有机团结"。信息社会的现代文明放大了个体差异及发展差异。

社会发展促进社会分工进而带动社会形式整合。每个个体在这个有机体中都发挥着自己的作用，而且有自己的活动空间。

社会是个契约型的社会。个体的不断分化导致个人人格更具鲜明，集体意识很难再涵盖所有个人的意识。集体意识的平均强度也在减弱。

斜杠青年的产生与社会容量和社会密度的增加密不可分。

社会容量和社会密度是分工变化的直接原因，在社会发展的过程中，分工之所以能不断进步，是因为社会密度的恒定增加和社会容量的普遍扩大。信息社会的物理空间是局限的，城市和密集化办公使得社会容量和社会密度被压缩。文明社会的沟通手段和传播手段的数量和速度越来越多、越来越迅速，这些都是分工形成的必要条件。社会容量和社会密度的变化导致竞争的激烈化，人们要付出更多的努力，这显然不是让人类更加幸福的途径。

工业文明中，人们更倾向与多样化人格以彰显个性。现代社会人格更加鲜明，传统的影响力难以保持它原有的姿态，这也是斜杠人群越来越多的社会存在基础。另一方面，竞争导致了专业化的发展，使得技能更加复杂。而一种技能越复杂，它就越难被遗传。个人不再紧紧束缚于他的历史：他更容易适应新出现的各种环境，分工的发展从而变得更加便捷，更加迅速。社会分工的根源在于社会容量和社会密度的增加。现代文明使得人格更加丰富，个人也愈发独立于时间和空间等要素。这也意味着人的社会性更强，有机的社会团结形式更加紧密。分工产生一批次级社会群体，以及亚文化的产生，斜杠经济也是相伴而生的社会现象。

斜杠青年自主建构意识也进一步增强自我决断、自我赋权、自我确证的能力进一步提高，他们有了属于自己的思想理念、价值认同、精神需求、生活方式和职业拣选，他们在互联网+时代有了公平竞争、发挥专长、施展才干、张扬个性的机会。而当前，以全球化为标志的现代信息社会个体分化是一种命运而非选择①。

小结

从小我们就被长辈和老师教育，要好好学习，考好大学，然后工作、买房、买车、结婚、生子。在这套根深蒂固的逻辑中生活固然安逸，可他们唯独没有教给我们，活着是为了什么？我们到底想要什么？同样是工作，为什么以前去上班就感觉是要上"刑场"？是什么夺走了我们工作时应该有的快乐？

只有追求目标，而不是达到目标，才是带来幸福和积极情感的要素。现在的很多人，都错把忙碌当作优秀的证明。然而生活一定要学会留白，我们

---

① 齐格蒙特·鲍曼.个体社会化[M].范祥涛，译.上海三联书店，2002:45.

才能停下脚步、沉淀自己，进行自省才能为以后的路打下坚固的基石。为自己而活，这才是一个人生命的意义。

1.4
斜杠青年的人群定位

谈到定位，我们先来了解一下定位的概念。不管是生活、学习还是工作，每个人在这个社会中都有着属于自己的精准定位。一个人也可以有多重身份定位、比如在学校中是乖学生，在生活中是爸妈的子女，在社会中是听话的员工，在朋友中是他们的"最佳损友"。明确好身份定位，才能更好地扮演自己定位中的角色。

1.4.1　斜杠青年的另类人物特征

斜杠青年进行职业定位也是基于此。并不是每个人都在做每一项职业上有天赋。从斜杠青年的构成来讲，有个别天才，能同时在多个领域大放异彩；而多数优秀的斜杠青年，则是利用自己在多个领域的专业互相支持，从而提升自己的竞争力；剩下占比最多的斜杠青年多是不得已，或者迷茫。

在未来，有大量的职业会受到冲击，甚至被替代。这类职业有几个共同的特点：首先是简单，经过短时间的培训即可上岗；再者是重复性劳动，几乎每一次劳动的过程和细节都完全相同；最后是容错率，在这种工作中犯错可以低成本的进行补救。这种情况下，会存在大量工作者被迫斜杠——要么需要跨转领域，要么需要同时做多份工作。这种情景在当前已经不算少见，比如有些白领会在下班后去开滴滴。但对于斜杠职业的认识上，一些人的归类是错误的。

很多人对于斜杠青年的认知，也许有这么几种另类情况：

（1）干私活。没什么正经工作，打打低门槛的零工或者花式转行做底阶云螺丝，最后混出一大堆不值钱的一级号，这在一些专业技术性强的行业很常见。近60%的斜杠青年受访者提供文案撰写、图案设计、项目管理、数据调研、网络营销及客户服务等相关服务。其中文案撰写、图案设计和项目管理相对热门，分别有12%、11%和11%的受访者正在从事相关工作。用时间换金钱的，比方说网约车司机、代购等，这些副业准入门槛较低，基本上不需要专业知识，只要你有时间就可以做。还有专业技术人员，比如程序员、设计师、会计师、律师干的是和本行同样的事。

（2）自由职业者。自由职业者就是不属于任何一家公司的员工，但又经常和公司合作，为他们提供某些服务。自由职业者存在于各个行业，而有些行业会特别集中，比如设计、互联网、自由写作等，以从事脑力劳动为主，一般是独立工作，不隶属于任何公司，办公地点、办公时间不受约束，会把一些工作外包出去，但不会雇人，雇人就成了创业了。有些自由职业者可能会抱团，共同组成一家公司，但是关系相对松散，每个人还是独立接业务。传统工作给予的安全感已经丧失，这主要是因为全职工作不再给予人们充分的保证，在过去，通常只有特定行业的才能够开展自由职业，诸如写作、编辑、平面设计。但如今，很多领域和行业都可以开展自由职业。多数自由职业者慵懒，喜欢自由，挣点钱就够。在地域分布上，中国自由职业者人数占比最多的大城市前5位依次为上海、北京、广州、深圳、成都。然而，分布在这五座城市的人数占比仅为总人数的26%。因此，从数据上可以看出，在整体上，自由职业者更多分布于中小城市。如果你安于清贫，喜欢闲散的人生，倒也无可厚非。

（3）江湖骗子。这些人喜欢串场子结交三教九流，号称认识各类明星大腕，吹嘘自己的党政军商学关系网浓密。基本不干实事，满嘴跑火车，这种人现在也很多，个别也有忽悠成的，但大部分下场都不怎么样，以制造赚钱的假象进而骗取更多的投资。年轻人进入这样的圈子，骗到人的可能性极小，被人骗的可能性较大。

（4）大师、名媛。上一条的江湖骗子，主要是谈人脉资源，谈商业模式。大师主要是谈神仙和人生、文化、特异功能。名媛兼职没有很清晰的界限。有选择的卖，出卖精神和灵魂的都存在，主要区别是选择条件的高低和包装水平。

（5）待业人群。对他们而言，并不是想要尝试自由职业，而是需要更多职业和更多时间的工作来谋生。因此一定程度上，这种意义上的斜杠青年只不过是没有底薪的业务员和员工，名气上和公司没有隶属关系，表现上看是自由平等，但是实际上仍然要受它们的控制。就比如兼职发传单的人员，他们没有底薪，靠在商业人群发传单广告吸引顾客赚钱，这时平台就相当于是他们的老板。工作流程一般是这样的，平台发出任务，定出一定的价格让兼职去做。

（6）副业创业。职场人的副业种类五花八门，比如说代购、网约车司机、微商、培训、翻译，等等，可谓万物皆可斜杠，只有你想不到，没有做不到。不过，再仔细看看这些副业，大体有这么几类：一类是专业性比较强的，比如说翻译、投资理财、教育培训、编程、设计等。这类副业往往与主业密切相关，且由主业衍生而来。还有一类是由自己的平时爱好衍生来的，比如说喜欢唱歌就可以去做酒吧驻唱，喜欢化妆可以去做美妆博主，喜欢旅游可以去当导游。

职业选择的人群定位也是如此，并不是每个人都适合去做一项副业。正如：并不是每个人能去做科学家，而科学家们也不可能去做好除自己研究科目以外的事情。所以，不管是个人定位也好、职业的适宜人群定位也好都离不开精准的定位分析选择。在没有精准分析的基础上，任何定位都是很难确定和成立的。

———————— 小结 ————————

刚毕业的你其实也是斜杠群体的一员。中年人或者老年人更是如此，可能在不知不觉中早已成为斜杠大军中的先锋了。各行各业中顶尖专业人才中斜杠群体的覆盖率更高。斜杠经济作为社会分工的概念细化的经济学概念，在一定程度上对于人群定位还是有迹可循的。

1.4.2 斜杠群体的人群定位

青年人是互联网+时代的开拓者和弄潮儿，互联网+时代可以说是年轻人的时代。斜杠青年多重职业多是借助于网络化手段来实施的，斜杠青年也多是名副其实的网络人口。[①] 在这样的时代，职业活动者并不是简单地从事物质产品的生产或流通，而是参与和负责物质产品的设计、创意、开发、技术、咨询、销售和服务，这就为青年人提供了更多的职业"嵌入"可能性和职业"融入"可行性。

人是社会化的群居动物。每一个个体在这个社会中生存发展，都会不可避免地受到社会各个因素的影响，必不可免地去适应社会或者去学习改变自身，从而成为一个多要素的集中组合体。譬如新兴互联网产业产生了Java工程师、网络架构师、游戏开发师、产品设计师、视觉设计师、数据运营师、网店培训师、网店运营、网络营销、网络模特、网店职业经理人等多种新型职业，导致互联网行业的岗位需求量猛增，居46个行业之首。[②]

这样，就必然无法做到对于斜杠群体的精准定位分析，因为人人都会改变，人人都有机会成为斜杠群体。按照曼纽尔·卡斯特的说法，当今世界已

———————————

① 谢俊贵.网络人口学：中国需要与现实议题［J］.社会学评论，2018（1）：21-30.
② 罗杰.互联网业成毕业生就业新选择[N].中国文化报，2013-7-12.

进入网络社会。信息网络化是网络社会的一大特征，也是影响人们社会行为的一大区域。在信息网络化社会场中，不仅"新信息技术可以让工作任务分散化"[①]，使多种与互联网相关的职业不断涌现，而且借由互联网从事多重职业而游刃有余者也应运而生。

正是网络社会的崛起和信息网络化的实现，才为斜杠青年提供了多种新的就业机会和异常先进的劳动手段。正是在信息网络化的社会场中，斜杠青年才能依靠网络信息技术实现跨业界的就业，从而使得斜杠青年群体的规模不断地增大；也正是在信息网络化的社会场中，"斜杠青年"才能依靠网络信息技术获取更多的就业信息和社会需求信息，才能方便地从事多重职业。信息网络化不仅为青年人的斜杠人生提供了可能性，而且为青年人的多重职业增强了可行性。

传统经济给斜杠经济群体的人群进行定位很难，因为人是社会化的群居动物。每一个个体在这个社会中生存发展，都会不可避免地受到社会各个因素的影响，必不可免去适应社会或者去学习改变自身，从而成为一个多要素的集中组合体。

这样，就必然无法做到对于斜杠群体的精准定位分析，因为人人都会改变，从而人人都有机会成为斜杠群体。

（1）聪明。他们极端聪明，能同时实现多学科或者多职业的职业技能学习。并且成功地学以致用，将这些复杂多样的知识技能真正地运用到生活里。

（2）热情。他们对自己热爱的职业充满了职业热爱。

（3）开朗。性格开朗能让他们结交更多的朋友，有着广泛的人脉基础。

（4）阅历。丰厚的人生阅历让他们具有更好的决断能力。

（5）专业。他们更职业的使用多项技能，能够独立承担更多工作。

---

① 曼纽尔·卡斯特.网络社会的崛起［M］.夏铸九，等译.北京：社会科学文献出版社，2000：320.

他们有着更高的人生目标。他们不甘于平凡，希望以一己之力能改变人生，学习更多的东西，对自身的发展有着高于常人的要求。

那么，如何做好定位，这得根据你的兴趣、性格、价值观还有你所背负的使命，以及你的知识、技能、天赋、经历、人脉等多因素来判断。更重要的是你对自己的职业和生活得有着明确的方向才能更好地做好自身定位。

斜杠青年的个人价值正在被彻底释放，未来最完美的工作就是利用兴趣创造社会价值。最令人激动的变化莫过于：斜杠青年再也不需要拼家庭背景、拼人脉、拼财力，而是可以完完全全通过自身实力和才华就能获得个人的斜杠技能和荣誉取得成功，给这个世界带来了人人平等的机会，互联网推进了人类社会的民主和进步。随着人工智能等技术发展，未来个体价值会越来越突出，组织结构等也会发生变化，表现在横向和纵向两个维度的极限扩展，跨界和细分。细分领域会越来越垂直，且会分成"组合的链条"。个体崛起的核心要素就是专注自己的优势。

所以，不管是个人定位也好、职业的适宜人群定位也好都离不开精准的定位分析选择。在没有精准分析的基础上，任何定位都是很难确定和成立的。

斜杠青年在一定程度上依赖未来的工作状态出现雇拥关系的改变，依靠个人的专业获得交易性的工作机会，但仍然是以专业为前提。职业青年在"互联网+"时代的职业组合、职业再造和职业创变，让年长者自叹弗如的同时也钦慕不已。在信息化浪潮中披荆斩棘、大显身手的青年人，不再像长辈那样墨守成规、安分守己、裹足不前，他们擎起时代衍变的大势，立足自身话语权的回归，在技能反哺与职业创新中一跃成为时代的先锋与社会的中坚。

综上所述，刚毕业的你其实也是斜杠群体的一员。中年人或者老年人更是如此，可能在不知不觉中早已成为斜杠大军中的先锋了。各行各业中顶尖专业人才斜杠群体的覆盖率更高。斜杠经济作为社会分工的概念细化的经济学概念，在一定程度上对于人群定位还是有迹可循的。

—————— **小结** ——————

在我看来，一个真正的斜杠时代，不仅能让优秀的人有发光发热的舞台，更需要给握着一手烂牌的人，同样有享受到牌桌时光的权利。斜杠本身意味着多样化选择，机会和挑战并存，也就意味着增加了一种实现自己的机遇。人才最大的价值，就在于它的不可取代性。如果今天的你，不随时提高自己的利用价值，也许明天的你就变得一钱不值，无人问津！

1.4.3 斜杠是青年人的时代

为什么斜杠青年开始越来越多的出现？从当代社会的环境来看，更为需要的是具有广阔的知识平台，丰富的知识储备和多种技能的人才，也就是我们所认知的斜杠群体。

同样地，中国的青年个体也生活在"由市场经济的全球化和消费主义的意识形态所打造的高度流动的劳动力市场、灵活的职业选择、上升的风险、亲密的自我表达的文化，以及强调个人责任和自我依赖的世界中[①]。"上一辈人强调的稳定，已经不再是现在年轻人选择工作时考虑的关键因素。"铁饭碗"这个词儿跟黑白电视机一样，已经过时啦。这一代年轻人的追求更加多元，许多青年人就这样认为，灵活就业虽然不是"铁饭碗"，但它不再需要朝九晚五，可以让他们更注重个人价值的实现，追求多重职业的精彩人生[②]。

这一代年轻人有一些鲜明的特点：他们思想更开放，能创造、敢创新、自主、有趣、独立。不满足单一职业的束缚，拥有多重职业，与主业相互补充、相得益彰。主业+斜杠的搭配让年轻一代更有魄力、动力、能力去自主

———————————

① 阎云翔.中国社会的个体化[M].陆洋，等，译.上海:上海译文出版社，2012:376-377.
② 赵腾达，霍艳敏.零工经济引领就业市场变革［J］.上海信息化，2017（4）：64-66.

选择自己想要的状态。

现在的年轻一代，工作最好是与兴趣结合，爱一行才会干一行，酷酷的人生比较幸福，西装革履/穿工作服都是束缚，工作做得再好，打工挣得再多，都不如活出有趣的人生有意思。

与其将岁月浪费，何不趁青春多折腾；辽阔世间，用斜杠可以找到自己的可能性。

缺乏集体约束的斜杠青年绝不是大多数群体的未来。就连刘慈欣也说过："在电力系统上班，必须按时去上班，必须坚守岗位。在坚守岗位的时候，就可以在那里写作了，相当大一部分写作内容都是在这个岗位上写的。因为在岗位上写作，有一种占便宜的感觉"。他坦言自己成为专职作家后，效率比以前低了很多。比起斜杠青年的比率，我觉得连未来办公形式都可能会发生剧烈变化，比如远程办公甚至是线上办公逐渐兴起，与传统的办公室办公并驾齐驱。

在社会现代化发展进程与时代变迁潮流的裹挟下，青年人逐步摆脱传统社会和集体规约的束缚，在职业发展、生活成长、价值形塑等方面自主抉择、自行决策，以探求更具个性化和挑战性的人生为目标。

—————————— 小结 ——————————

当下流行的斜杠青年现象，一方面折射出现代社会的进步和宽容，另一方面也启示广大有志于成为其中一员的年轻人，要明白根深方能叶茂的道理。今天，社会变迁的速度与进程正在加快，人类正进入一个完全超出工业化时代的发展阶段，即知识经济时代，这个时代是以观念、信息和各种形式的知识、技能支撑经济增长和理念创新的时代，知识经济时代又恰好遭遇互联网+时代的发展重叠。在这样的时代，职业发展的机遇越来越多，技能多样化、在线学习、网络培训、在家工作、做复合型劳动者等都已成为可能。

互联网发展的新常态为职业青年的技术服务、技能拓展、义务培训提供了很好的知识信息支撑，"技多不压身，艺多不嫌赘"已成为青年人的职业发展共识。国家对于"大众创业，万众创新"的推进，使得大量相关技能拥有者能够直接为用户提供服务，利用各种垂直平台获得额外收入。

1.4.4　斜杠人才满足社会需求

个人的发展必定是顺应着社会大趋势的，斜杠是成为这一类型人才的重要途径。从社会的需求上讲，斜杠更有利于个人的发展。然而需要指出的是，斜杠并不要求个人成为全才，而是尽可能地获取适应社会发展所需的各种技能。

单从个人的角度来说，个人的发展包括了学习、工作和生活三大基本内容。

就学习而言，现代社会的教育制度越来越提倡全面发展，中国从小学开始直到大学，各门学科同时教授，这就是在素质教育培养复合型的人才。不可忽视的是，由于大学体制本身的存在不足，现在相当一部分大学毕业生也存在学科盲点。若你问文科生什么是"匀速运动"，或者让理工科学生谈谈莎士比亚和他的戏剧，多半是得不到准确答案的。很显然，这些"偏科专才"的人进入到社会大分工中，他们根本无法与其他行业的人进行有效沟通。

就工作而言，不论是从事哪一种职业，都不可能不与外界交流。而现代社会，知识大爆炸，信息传播途径多样，如果一个人还是整天埋首于专业化的技能，而不平衡自身能力，迟早是要被社会所淘汰的。

斜杠不是要一个人放弃专业的研究，胡子眉毛一把抓，而是说，既要有专业的知识与技能，又要有其他各方面的能力与素养。

不是自身知识技能全面，又怎能胜任这些高度社会化的工作。现实中也是如此，只有斜杠才能获得多方面的知识能力与素养，给自己创造更多的工作机会，适应人才流动频繁的当代社会就业形势。所以，斜杠才更利于个人的发展。

每一个分支代表着一个社会的属性，社会分层的变多，事实上是分工开始更加精细化的产物。斜杠的产生，事实上解放了单一生产力和生产关系束缚下的个体劳动力，在多元化的博弈性社会里，根据自己的比较优势进行时间价值的有效选择，实现一个效益的最大化，这是符合社会总价值帕累托最优的。

有学者就这样认为，"多重职业路径顺应组织扁平化趋势而生，也叫网状晋升路径。它以水平晋升路径为基础，是纵向发展的工作序列与横向发展的工作机会的综合交叉。这一路径承认在某些层次的工作经验的可替换性，规定在向上一级职位晋升之前必须首先进行同职位等级岗位的工作调动，即水平晋升，使员工在纵向晋升到较高层职位之前拓宽本层次知识和丰富本层次工作经验"[1]。

从生活来说，更好理解。一个在生活中懂得一些医术的人，比对此根本一窍不通的人生活上更保险一些。我们不需要人人做医生，但是稍微懂一些基本的医术，有小病痛可以自己及时解决，确实有着很大的裨益。个人发展，健康是基础，懂得一些医术更有利于健康和个人发展。其他如饮食、穿着打扮、礼节等各方面常识性的东西，自然是多知道一些更好——利于生活和工作，也就是更有利于个人的发展。

首先，专业的斜杠群体大部分是青年群体，这也是斜杠青年名称的由来。斜杠青年的出现，颠覆了单一雇佣制的劳动模式，让人力资源流动起来，达到了充分、可重复的利用。也带来了对现有组织运作方式、组织吸引人才的手段乃至社保体系的颠覆。

---

① 肖国平，肖梦.亚成熟文化与"多重职业路径"植入的研究［J］.重庆工学院学报（社会科学版），2008（1）：21-22，30.

互联网+时代改变了传统制造业的模式、商业竞争与销售的模式，在这样的时代，信息即财富，技能即优势，特长能出类，付出有收获。消费型社会的升级和消费文化的喧嚣，不仅使人才共享成为可能，而且使得斜杠青年有了展示技能的机会，在对消费型社会的推波助澜中，斜杠青年一跃成为互联网+时代的紧俏人才和消费服务提供者。在社会的发展和对自身的要求下，这些年轻人走上了斜杠之路，成为了一名斜杠青年。

CHAPTER

第 2 章

斜杠青年的
职业养成

2.1
斜杠的专业化和职业化

分工的专业化和职业化在提升人的劳动时间和熟练职业技能的同时，极大地提升了生产力。生产力的进步使得整个人类文明进入了更加高效快速实现极高的知识积累和文化认知的信息化社会。人从一个单一的人到社会人再到具有极高生产力的同时实现了部分的空余时间的个体。

斜杠的出现正是由于人的时间的解放和专业化程度更加细分。工业化时代不得不依靠人和机器空间以及时间的维度变得多样化。人性的力量产生了各种兴趣爱好以及自身的各种群体性属性积累。

按照国际著名生涯领域专家萨维克斯的认知，未来世界职业的变化趋势是去职位化或弱岗位化。现实的每一个人都可以在自己所属的圈子里或者圈层里形成自己特有的影响力。

2.1.1 斜杠经济本身是专业分工

所谓专业，是指一个人需要求得专业的技能，也就是说在现代社会，他不仅要有广博的知识基础，更应该具有某一方面精湛的专业能力。斜杠是专业的前提和基础，同时在某一方面有精湛的专业能力显然还不能应对这个更需要拥有多方面知识基础的社会。

而专业化是用来反映一个职业争取并最终获得履行一个特定工作排它性权利的过程[1]。专业化是时间概念也是职业概念，自然存在环境限制。专业化是社会分工的产物，也是社会发展的标志。专业化的目的是建立起专

---

[1] FREIDSON E. Professional Powers: A Study of the Institutionalization of Formal Knowledge [J]. Social Forces, 1987, 94 (5): 12-18.

业技术和专业地位，为社会提供水平更高、效益更好的产品和服务。

斜杠和专业是两个省略式概念，所谓斜杠，字面解释是多项技能，也就是说广泛学习各专业知识，成为一个博学的人或者说复合型人才，斜杠青年多重职业结构，在很大程度上是一个不容易甚至难以构建专业化人才的结构。经济学从社会的角度出发，将斜杠存在分工的大环境进行剖析，解释了生产力进步下生产关系自发变革的过程。在个人发展上，很显然包括了学习、工作和生活这几大基本内容。到底专业和斜杠哪一个更加重要，其实存在着一个很大的博弈。

社会分工论的分工博弈：社会形态的变革是社会化力量的体现，在涂尔干的《社会分工论》中，社会化的人的自我意识的行为是社会，社会是一切现象的根源。

社会经济学研究从社会文化的层次研究分析，包括生产、分配、交换和消费在内的整个经济过程。同时，社会经济学也反映了交易成本经济学、制度经济学、理性选择社会学等相关学科的研究领域，这和斜杠本身的定义不谋而合。同时，社会经济学也运用社会学的理论和方法来研究经济行为、经济结构和经济体系。

从社会分工转化为自身的经济利益是一种时代的需求。当然，专业化和职业化的过程才能实现人生价值的定位。斜杠并不是一个概念上的文字阐述，而是一种职业化乃至财商上的自我变革，只有不断地破除自己的旧有思维方式，才能实现自己的人生价值和财务自由。

比如著名演员黄渤。他最早的梦想是当歌手，但他在演艺的道路上却一战成名，声誉非凡，演艺能力不可谓不专业。但他的歌手的梦想实现，也仍在一个长期的积累的过程中：令人惊艳的极限挑战的主题曲《这就是命》，以及他和哈林在演唱会中唱的《水手》，音律变幻让人震撼。

人类社会分工的优势是通过让人做擅长的事情，缩短劳动生产率。随着生产效率显著提高，能够为市场提供优质高效劳动产品的人才就能在市场竞争中获得高回报。人尽其才、物尽其用最深刻的含义就是由社会分工得出的。在今天术业有专攻的时代，社会需要大批工匠青年的涌现。斜杠青年的多种职业身份与工匠精神的求精益专素养并不相悖。

斜杠青年专心做好自己的主业，在职业领域的深耕细研和业务技能的沉淀潜习之外，利用网络平台和信息技术扩展个人的专业视野，用触类旁通的灵感获取多种副业的可能性，做到主副兼顾、优势互补，做适合自己、适应职场、适行社会的斜杠英才，也是较为靠谱的人生选择。

斜杠经济就是在一个基础的认知上强调职业化和专业化，并建立基础的财商认知。商业社会，并不是每一个人都有背景、人脉、财力。但是有着基础的专业化职业技能的同时能够正确地使用资源，才是斜杠青年的应有之举。

―――――――――― 小结 ――――――――――

斜杠青年不仅具有互联网思维和精湛的技能，拥有融合专业知识和能力为一体的多技之长，而且具有整合社会资源的能力和不断学习进取的精神，并且能够运用学习型的态度和方法应对技术革命和知识更新所带来的环境变化与职场挑战。

社会分工把社会生产分成了不同的单位，这些单位之间表现出孤立且具有封闭性，在这些生产单位中的劳动者在雇佣劳动制度下，只是掌握生产单位中雇佣职位的技能，人的发展受到制约。斜杠的出现打破了单一分工的格局，为个人价值的综合展现提供了出路。

2.1.2 斜杠工匠和新职业实践

良性运行和可持续发展是现代社会的首要要求，社会分工更细化，对整合的要求更高；并且随着中国市场经济的不断进步，产业结构调整，职业结构调整的不断深化，跨行业、跨领域的人才流动日益频繁。

　　真正的斜杠经济从业者，脚踏实地且精力过人。他们大多在自己的主业上扎实耕耘而获得成功，当自身的效率和技能达到一定水平，才有足够的资本为自己争取到更多的空闲时间和发展空间，从而开始慢慢拓展自己的第二、第三、甚至是第四份职业。

　　工匠精神是指一种精益求精、追求品质、注重细节的工作原则和热爱、专注并持续深耕的职业伦理，以及在这种过程中所达成的审美和精神境界①，更多的斜杠经济从业者参与努力践行工匠精神之中。当代社会人才流动频繁，在人才过剩的时代，就业行情变化莫测。那么相较而言，一身多技的斜杠青年人肯定比专业于某项技能的人更有就业优势。

　　随着社会分工的深入，社会团结的纽带也在发生变化，维护社会团结的集体意识的力量在变弱，个人逐渐从群体中解放出来。人与人直接的联系不再是直接的联系，而是以物为中介的联系。这种社会整合更加具有互动的灵活性，个体更具有自由活动的空间。

　　达尔文在《物种起源》里提到，"物种是注定会发生变化的"。社会的发展对个人的创新能力提出了更高的要求，而在现代社会各门学科融合渗透、相互交叉的情形下，一个在各个学科领域均有涉猎的厚基础、宽口径的复合型人才不是比只围于一门学科的专业人才更有创新的能力与机会吗？斜杠经济的副业刚需是为了让你积累新的职业技能，从而提升认知，并尽可能获得财商知识和新的财富增长机会。

　　但是如果没有新职业实践，没有亲身体验不同行业的专业技能诉求，必然无法满足相应企业需要的劳动力技能人才，就没有作为交换的职业技能，也就不能获取财富。举个例子，微软公司有各种专业性极强的一流技术人才，一流财务人才，也有一流的管理人才。但在初创的时候他们只有比尔·盖茨和保罗·爱伦两个人，他们两人的斜杠技能是在商业经营中必须具备的各项职业技能，继而专业化职业化，一专多能，强化管理能力和技术优

---

① 张培培.互联网时代工匠精神回归的内在逻辑[J].浙江社会科学，2017(1):75-81.

势，才取得了现在的成功。正是他们的一身多技，让他们把微软做成了一家全球知名的公司。

现代社会需要一身多技、博学多才的人才，而个人的发展必定是顺应着社会大趋势的，斜杠当然是成为这一类型人才的重要途径。可见，从社会的需求上讲，斜杠更有利于个人的发展。需要指出的是，斜杠不是要求个人成为全才，而是尽可能地获取适应社会发展所需的各种技能。

曾几何时，创业真的"经历过只缺一个程序员"，而现在大家都知道，创业缺的不是一个程序员，而是一个完整的开发团队。而在未来的创业过程中，涉及人工智能、智能硬件、AR/VR等领域时，这个开发团队也将变得更庞大。细分带来的是专业和跨行问题。一方面不是所有人都有能力成为专业人员，所以被迫去做一些较为简单的工作；另一方面，专业人员所在的专业一旦被替代，转行就成为了唯一可以走的路。

斜杠青年的多重职业与专职青年的专一职业都是顺应社会劳动变迁需要的职业选择结果，也是从现在开始以至未来青年职业选择的两大取向，它构成新时代青年职业结构以至整个社会职业结构的基本架构。就未来社会所需要的职业结构来说，多重职业与专一职业将相辅相成、共存共荣，这符合未来社会发展的趋势，也符合未来社会的要求。

所以说，大多数人都是"被迫斜杠"的。在这种情况下，最为可行的路线是基于自身专业能力，寻找可以提供支撑的斜杠能力。正因为如此，斜杠青年多重职业现象将有如专职青年专一职业一样，在未来社会中受到同等的重视，取得更快地发展。

2.1.3 斜杠的专业学习过程

单从个人的角度来说。个人的发展包括了学习、工作和生活三大基本内容。随着"互联网+"时代的来临，整个社会对知识的渴望和技能的崇拜日益高涨，这给拥有更多技艺专长的年轻人带来前所未有的发展机遇，他们通过MBA教育之类"自我投资"之后，就可以展示自己的实力与才华，像自己的职业榜样一样成为斜杠青年中的一员，不仅经济上可以独立，生活上也更加的自主、多元、有趣。

中国的学历教育从本科到硕士再到博士，这样的过程看似越来越专，越来越狭窄，但是那只是你个人认知。实际情况是，硕士博士的课程很多，除了本专业的课程，他们还有其它的课程可以选择，目的就是培养更多视野开阔的复合型人才。曹雪芹、钱锺书、鲁迅、郭沫若、吴冠中，陈逸飞等都是学贯古今，融会中外的博学之人，正因为这群人其知识的丰富，促进了他们开阔的视野进而在事业上的有了多面和超人的发展。

国民的受教育水平在逐步提高，要想在某一个领域有所建树，需要更多的时间和精力。对大部分的人来说，要成为专家，到达某个细分领域的顶端是越来越难。斜杠青年光有斜杠是不行的，斜杠之间的每一个身份，起码要有点成绩。斜杠青年需要充实生活，而不是画斜杠。

斜杠经济的快速发展既给当今社会的斜杠青年和企业平台带来了巨大的机会，同时也存在诸多风险。"斜杠"不是要一个人放弃专业的研究，胡子眉毛一把抓，而是说，既要有专业的知识与技能，又要有其他各方面的能力与素养。

当你的第一份工作做到小有成就，才能够有足够多的时间、金钱和精力，去拓展视野、学习知识、练习技能。画家达·芬奇同时也是超前的设计师，剧作家萧伯纳同时是出色的语言学家……他们都不是专一职业者，也正因如此，他们在后人眼中更富有魅力。但崇拜并效仿前人是次要的，更重要的是在当今信息爆炸的时代，不多一点爱好与长处，总是难以跟上时代的步伐。

看似斜杠中是不同的职业，但背后隐含的恰恰是个人能力的积淀。如果你没有过得硬的专业技能，也没有个人优势，本职工作更是做得令领导不满意，绩效也总不达标，试问以这种状态开启第二份职业后的成功几率会有多大？可能会有人反驳："那是因为不喜欢这份工作，没有动力。"那为什么没有换一份喜欢的工作呢？如果是一份喜欢的工作摆在面前，你将如何创造价值最大化呢？所以，我这里所提到的斜杠实际是个人的能力优势。

作者金戈的一篇短文有这样一段描述："我所生活的这座城市，在中国属于主要的二三线城市，市场量与人流量都很大，身边的朋友正在'斜杠'的也不少了。通常是这样的，做平面设计的可以兼多个项目，懂财务的可以在多个公司出现身影，有文字功底的可以身兼策划、文案、活动执行，在他们的时光里，时间是乘法，而不是加法或减法，他们获得的专业历练与财富积累，或许至少也是加法。只能这样说，身边的'斜杠'们都是能人。有的人不再在任何单位朝九晚五，他们也不执着于有没有注册一家公司。对于他们来说，个人的能力，才是最大的品牌，他们接个活，不再需要有个公司来扯个虎皮。他们有'服务的能力'"[①]。

小结

成功源于积累，然后在专业化和职业化的道路上实现自己的投资回报，继而有着自己的现金流。社会分工下产生固定的职业，比如演员、农民、纺织工人、公务员、主持人，等等，这些劳动者一生可能只从事一项工作来维持生计，这样的社会分工阻碍了人的全面发展。所以需要有斜杠的完整人格性塑造。

不是自身知识技能全面发展，又怎能胜任这些高度社会化的工作。现实中也是如此，只有斜杠才能获得多方面的知识能力与素养，给自己创造更多的工作机会，适应人才流动频繁的当代社会就业形势。所以，斜杠才更利于个人的发展。

---

① 金戈.多重职业的时代正到来［J］.福建防治，2016（2）：45-46.

2.1.4 斜杠的职业化的规范

职业道德、职业意识、职业心态是职业化素养的重要内容，也是职业化的最根本的内容。如果我们把整个职业化比喻为一棵树，那么职业化素养则是这棵树的树根。企业无法对员工职业化素养有强制性的约束力，职业化素养更多体现在员工的自律上，企业只能对其所有员工的职业化素养进行培养和引导，帮助员工在良好的氛围下逐渐形成良好的职业化素养。

美国最著名的《哈佛商业评论》评出了9条职业人应该遵循的职业道德：诚实、正直、守信、忠诚、公平、关心他人、尊重他人、追求卓越、承担责任。这些都是最基本的职业化素养。职业化行为规范更多地体现在遵守行业和公司的行为规范，包含着职业化思想、职业化语言、职业化动作三个方面的内容，各个行业有各个行业的行为规范，每个企业有每个企业的行为规范。一个职业化程度高的员工，他能在进入某个行业的某个企业较短时间内，严格按照行为规范来要求自己，使自己的思想、语言、动作符合自己的身份。

斜杠青年更多的是初入职场的年轻人，大多缺乏职业化阶段的磨练过程。并没有养成及时汇报、反馈进度、适时总结的职业规范。职业化行为规范更多地体现在做事情的章法上，而这些章法的来源是：长期工作经验的积累形成的，在企业规章制度要求的，通过培训、学习来形成的。斜杠青年能够从事一种职业，最重要的是需要不断地学习职业技能。职业化技能是企业员工对工作的一种胜任能力，通俗地讲就是你有没有这个能力来担当这个工作任务，职业化技能大致可以包括两个方面的内容：

一是职业资质，学历认证是最基础的职业资质。专科、本科、硕士、博士，等等，通常就是进入某个行业某个级别的通行证；其次是资格认证，资格认证是对某种专业化的东西进行的一种专业认证，比如会计，就必须拥有会计上岗证、接着就是注册会计师资格认证；从事精算的，就要拥有精算师资格证书，学历认证和资格认证都是有证书的认证，但是在现实中，还有一种没有证书的认证，就是社会认证，社会认证通常就是你这个人在社会中的地位，比如你是某个行业著名的专家、学者，即便你没有证书认证，但是社会承认你，这就代表着你在这个行业这个领域的资质。我们也把这种认证称为头衔认证。

二是职业通用管理能力。每一个人，在企业中都不是一个独立的个体，而必须与上司、下属、同事等交往，形成一系列的关系链，在这些关系链中，必然就产生了向上级的工作汇报、向下级的任务分配，以及同事之间的沟通、协作与配合。同时，一个员工还必须对自己进行有效管理，时间的管理、心态的管理、突发事件的处理，等等。这些通用的管理能力，是你在生活和工作中间都必须具备的能力，通用能力的高低，在某中程度上也决定着你的实际工作能力高低，它与职业资质互为补充形成员工的实际工作能力。可以这么说，一个职业资质和通用管理能力都比较高的员工，他的整体工作能力一定是良好的。

斜杠青年职业化的作用体现在，工作价值等于个人能力和职业化程度的乘积，职业化程度与工作价值成正比，即：工作价值＝个人能力×职业化的程度。

职业化的中心是提供客户满意的服务，从另一种意义来说，就是提升客户的竞争力，使客户的价值得到提升。以客户为中心还意味着你必须关注对整体的把握，而关注整体，意味着你要关注那些限制整体发展的因素。木桶理论说明，限制最大产出的是数量最少的资源。职业人的要务之一就是帮助客户以尽量小的投入获得尽量大的产出。

在对中层经理的调查中，有86%的人认为企业领导者职业化素养亟待提高。斜杠青年能否做到职业化本身，也是对于斜杠青年能力的考量。"职业化"问题已经成为影响企业管理与发展的重要因素。一个职业化程度高的员工，他必将成为一个优秀的员工，一个团体职业化程度高的企业，它必将会成为一个被社会尊敬的企业。

2.1.5 专业化和职业化的财富诉求

中国今天创造的奇迹，从中华文明史的角度看，其意义并不仅仅在于经济、国际地位或体制建设某个单一维度上。计划生育使得原本应该出生的4亿人口消失，更重要的是改变了中国的社会结构。我国经济增长在缺乏人口要素的可持续性增长动力的背景下，面临沉重的人口老龄化压力，所需解决的重要议题是劳动力人口尤其是青年劳动力人口的不足[①]。斜杠青年多重职业结构在一定程度上可以弥补我国劳动力供给的不足，可以提高我国劳动力的质量。

中国几乎和全球同步进入信息化之后的斜杠共同体社会。社会发展促进社会分工进而带动社会形式整合。斜杠青年的产生与社会容量和社会密度的增加密不可分。"社会容量和社会密度是分工变化的直接原因，在社会发展的过程中，分工之所以能不断进步，是因为社会密度的恒定增加和社会容量的普遍扩大。"文明社会的沟通手段和传播手段的数量和速度越来越多，越来越迅速。这些都是分工形成的必要条件。社会容量和社会密度的变化导致竞争的激烈化，人们要付出更多，更辛苦的努力，这不是人类更加幸福的途径。

除了变革还是变革，除了创新还是创新，谁能更快提供适应新时代消费者需求的新产品、新技术、新品牌、新服务，谁就有望在未来的商业战场中占据一席之地。我们在迎来一个全新的斜杠时代，人员组织和商业形态彻底颠覆传统认知的插件式云计算模式。商业的大洗牌随时上演，因循守旧，等待的只有死亡。

今后的斜杠青年创业，如果不能从全局去考虑，（比如理清楚整个产业链或者供应链的逻辑），就贸然的开始创业一定会失败。现代文明使得人格

---

① 童玉芬.人口老龄化过程中我国劳动力供给变化特点及面临的挑战［J］.人口研究，2014（2）：52-60.

更加丰富，个人也愈发独立于时间和空间等要素。青年人往往不能安于眼前的职业现状，其职业适应力也经常遭遇挑战。

正如杜敏指出的，"每一个'斜杠（职业）'内部都需要专业化发展才能具有可雇佣性和市场适应性。只有明确不同社会情境中自身特殊而不可替代的目的、定位、界限、职能、权利和责任，'斜杠青年'的身份才能被认可。[①]

小结

斜杠青年的职业成熟度是其职业理念与个体追求、人生谋划、价值取向、精神向度等相关联的职业标识，主要表现为全方位的职业策划、精确的职业选择维度、较为丰富的职业信息获取能力、时间管理能力、人脉资源拓展能力、独具个人心理特质的职业判断和职业喜好等。

2.2
兴趣爱好是斜杠最好的老师

兴趣爱好是源于自身喜欢，基于自身的兴趣爱好才会对一个领域保持钻研的毅力。斜杠是一个爱好的外延过程。

一方面，兴趣提升了个人价值感。斜杠青年每一个斜杠（职业）的增加都以兴趣和意愿为起点，以自我意识和自主选择打破思想的麻痹状态，点燃职业激情和工作活力。另一方面，多元化的选择减少了职业疲惫感，职业选择不再单一。斜杠青年摆脱了单一工作模式下的精神疲乏状态，并且可以将一

---

① 杜敏. 职业发展中的"斜杠青年"现象论析［J］. 当代青年研究，2017（9）：78-84.

份工作中遭受的挫败感转化成在另一份工作中获得的成就感。[①]把兴趣变成职业不是件容易的事，因为兴趣通常离生产力很远，而工作讲究的是适配。想通过兴趣赚钱，忠于理想的同时，也要面对现实。

2.2.1 斜杠领域源于兴趣

兴趣爱好是一个人成长过程中的持续积累过程。单纯依靠毅力来实现对于不喜欢的事物下苦功夫，即使获得成绩也不会有相应的成就感。兴趣的加持能够降低面对困难的痛苦指数，使挑战自己的过程变得快乐。

我们知道的一些大咖，他（她）们不仅仅在本领域做得极为出色，在其他领域也取得不小的成绩。比如冯唐，就是一个典型的斜杠青年，他毕业于协和医科大学，获得协和医科大学临床医学博士学位，随后成为麦肯锡的合伙人，之后当选为华润医疗集团有限公司CEO。最让人熟知的是他作家的身份，他对文学上的热爱使得他成了畅销书作家，先后出版了多部有影响的作品，文学兴趣背后的冯唐才是更真实的他。

兴趣不仅能调整人的习惯，还能据此建立相同爱好的社交群体。一些体育迷，一谈起体育便会津津乐道，一遇到体育比赛便想一睹为快，对电视中的体育节目特别迷恋，这就是对体育有兴趣。一些老京剧票友们，总喜欢谈京剧、看京剧，一遇京剧就来劲，这就是对京剧有兴趣。

在实践活动中，兴趣能使人们工作目标明确，积极主动。兴趣能帮助自己克服各种艰难困苦，获取工作的最大成就，并能在活动过程中不断体验成功的愉悦。兴趣对一个人的个性形成和发展，对一个人的生活和活动有巨大的作用，这种作用主要表现在以下几个方面：

第一，对未来斜杠职业的准备作用。例如，一名中学生对化学感兴趣，就可能激励他积累各种化学知识，研究各种化学现象，为将来研究和从事化

学方面的工作打基础、做准备。当然，如果你的父母或者亲友是一个化学家，整天耳濡目染，自然会掌握某些化学知识。

第二，对专业化职业技能起推动作用。兴趣是一种具有浓厚情感的志趣活动，它可以使人集中精力去获得知识，并创造性地完成当前的活动。美国著名华人学者丁肇中教授就曾经深有感触地说："任何科学研究，最重要的是要看对自己所从事的工作有没有兴趣，换句话说，也就是有没有事业心，这不能有任何强迫。比如搞物理实验，因为我有兴趣，我可以两天两夜、甚至三天三夜在实验室里，守在仪器旁，我急切地希望发现我所要探索的东西。"正是兴趣和事业心推动了丁教授所从事的科研工作，并使他获得巨大的成功。

第三，对活动的创造性态度的促进作用。兴趣会促使人深入钻研，创造性的工作和学习。就中学生来说，对一门课程感兴趣，会促使他刻苦钻研，并且产生创造性的思维，这会使他的学习成绩大大提高，而且会大大地改善学习方法，提高学习效率。

要适时培育其他的兴趣爱好，当爱好上升到专业，成为斜杠青年就有可能性了。保持好奇心，学习无止境，像个孩子一样如饥似渴地学习，人生就有无限可能性。接受生命没有一个固定的意义这一点以后，你才能心安理得去斜杠。

斜杠的一个重要因素就是充分发挥个人兴趣，这也是很多人跨界成功的重要原因。但凡斜杠的青年，都不单是为了金钱去开拓第二个维度，更多是兴趣使然。从兴趣到成为职业，需要投入而且短时间内很难见到回报。这个过程需要投入金钱、时间、耐心。如果是兴趣使然，这个过程本身就有乐趣，这份乐趣会让你坚持下来，假以时日带来金钱回报，也许比你的主业更好。一般斜杠青年都是热爱生活，比较有趣的人，关注点较多，从这一点可以看出，那些充分发挥自己兴趣的人更容易跨界成功。

也就是说，自己到这个世界上是为了体验这多姿多彩的生活。每个人从小到大都会有自己的兴趣爱好，一方面是教育带来的兴趣，现在的小朋友不学习一门特长都不好意思去学校，家长拼命把孩子送去各种补习班、特长班、什么钢琴、跆拳道、画画之类的。从小学到大，参加工作后，这些兴趣也不会直接就放下不管了，那么做着网页设计的工作是不是还可以找个插画设计的工作？做着数学老师的工作周末是不是可以去教小朋友弹钢琴？

还有自身产生的爱好，自身有一份不错的工作，比如程序员闲暇之余想做点自己喜欢的事情，在一家公司工作的同时，又去一些平台写代码，参加各种活动，丰富自己的业余生活。再比如摄影师，工作做完的时候喜欢写点东西，发表到一些写作平台，也许还不止一个。但我们考试升学，到社会上打拼，上班之后为了升职加薪，不得不在某种程度上放弃自己真正喜欢的兴趣爱好。因为在工作中，判定成功的标准十分单一，在没成功之前，社会认为发展业余兴趣会浪费太多时间，而真正成功以后，也许你已垂垂老矣，更没有什么时间和精力去发展兴趣。

从这个角度看，斜杠青年愿意给自己机会去做更多尝试，因为这些兴趣也好，金钱也罢，都是在不断发展的，所以未来年轻人成为斜杠青年，以及自由职业的出现都并非偶然现象，而是社会发展到某个阶段会出现的必然现象。

小结

斜杠青年并不是指多重的爱好，每一个斜杠后面，都代表了一种生存技能，即能够带来收入的兴趣和特长。很多人的确爱好广泛，但都不精，也不会受到市场的认可，无法获得收入或社会效益，这样的人，是不能称为斜杠青年的。社会分工日益垂直化，别人追梦成功的励志故事总是格外动人，当自己也学着做的时候才发现不是所有付出都有回报，即使是擅长又喜欢的东西，也无法成为支撑你生活的事业。

2.2.2 兴趣爱好中自带熟练技巧

斜杠青年一般都是富有余力、学有专长、多才多艺、兴趣外溢、社交面宽、观念超前。他们热爱生活，乐于接受新事物，不循规蹈矩，注重精神文化享受，勇于尝试改变环境，他们更注重生活品质的同时，希望在有限的岁月里探索出更多的可能性。生活的自主性探索，兴趣爱好成为斜杠青年的解压方式。

首先，兴趣爱好是你的自由选择。兴趣爱好是你的自由选择，但首先要做好自己的专业。也就是做好工作，将自己所学专业知识努力应用到实践中，并且不断总结，不断更新，进而不断提升，使自己成为专业领域的佼佼者，此乃人生一件快事也。

专业化和职业化，这本身也是斜杠的诉求。这就是你的生存之本，立业之本，做好它，能够保证财务较为自由，没有后顾之忧。自由只是给我们一种选择的可能性，你可以在自己的专业化过程中，选择自己更喜欢的兴趣爱好，进而实现自己的价值塑造。

其次，去发展兴趣爱好。发展兴趣爱好就是将自己喜欢的事情做好，让它成为自己除了职业之外的生活方式。人一生从事的行业和职业可能会换，但所中意的部分大多会保留一辈子。

虽然兴趣和事业间隔着无数个对新事物的尝试过程，在这个过程中发现爱好是一件非常幸福的事情，如果能在自己的兴趣爱好中探索出赚钱的方法，那就再好不过了。从自己想做的事情中获得收入，"你的工作就是你的兴趣"是种很难达到的境界。一些生活中的被你忽略的行为习惯的小片段可能就构成了你的兴趣。很多人都试图将自己的某种爱好转变成自己的一项谋生手段，因为大家都认为，"哇，那是我喜欢和爱好的东西，将它变成一项技能，水到渠成，太容易了。"这就是对爱好变成工作"满怀期望"的阶段。

比如，你喜欢电影和购物，当你开始在闲暇时间写影评、做电影解说；当你开始做美食测评、探店的视频，当你开始和网友分享你的购物体验，你可以将一些随手拍的建筑照片汇总起来，做成一个风格的明信片系列，这都可以是你副业开始的起点。

让兴趣以"兴趣"的方式存在，下班后或每周末挤出一些时间来照料你的兴趣，虽然不一定能从里面赚到多少钱，但你会发现这比当初不赚钱的时候带给你了更多意想不到的乐趣。你的"斜杠"，或者说你谋的"职"，一定要和你未来的职业生涯发展规划挂钩。

我们日渐成为社会的螺丝钉，却慢慢失去了发自内心的笑容。什么是成功，其实不过是快乐地过完自己理想的一生，而兴趣就是面对各种生活压力的支撑。

三是，专业与兴趣相长。专业与兴趣自然不是独立存在的，它们可以进行相互渗透、相互交叉、相互弥补，让自己的专业能力更上一层楼，使兴趣所指变得更加有意思、有内涵、有价值。专业与兴趣的某种层面上的结合或许会给你带来全新的视角、全新的机遇，碰撞出灵感，让你走向别人不可期冀的辉煌与高度。这就是专业与兴趣的结合的好处，当然不排除专业与兴趣重合的情况，但是我认为完全重合的情况少之又少，尽量使它们多重合，倒不难做到。

当我们真正开始准备将自己的爱好变成工作，对其进行全面的学习、研究时才会发现，之前对于某种东西的爱好，一直都只是停留在表面，却从来没有深入了解，更没有付出心血来研究，多半只是略知皮毛。于是，各种你不想接受，不喜欢的东西都依附在爱好之上，让你不得不面对。你开始很痛苦，痛苦于这些你始料未及的种种；你也很挣扎，你开始怀疑自己是否真的喜欢，怀疑这个爱好能否成为自己的新技能，给自己带来收入……

幸运的是，你能够从挣扎中坚持下来。爱好依然是爱好，工作也只是工作，不再因为工作而痛苦地怀疑爱好，你在享受自己的爱好或者兴趣时，工作已经悄悄地完成了。这个时候，爱好不仅是简单地让自己愉悦、开心，更因为其能给自己带来收入而着迷和享受。

──────────── 小结 ────────────

兴趣爱好本身是一种追求内心的宁静平和的方式。技能多样、职业多重不仅能激发青年人的创造力和进取心，还有利于扩大青年人社会交往的范围，拓宽他们的生活视野。兴趣爱好最重要的是一个人的关注点，当他对一类事物有浓厚的兴趣，自然就会更加专业化地实现自己的行业熟练度。

2.2.3 兴趣爱好促进"斜杠"状态

斜杠青年必然会成为未来年轻人职业发展的趋势，网络经济的发达，使得越来越多的年轻人不再满足于单一的工作。兴趣广泛、技能多样的他们具备了从事多重职业的基础。兴趣爱好无疑推动了他们斜杠的职业选择。

心理学家认为，人们力求认识某种事物和从事某项活动的意识倾向，表现为人们对某件事物、某项活动的选择性态度和积极的情绪反应。兴趣在人的实践活动中具有重要的意义，可以使人集中注意，产生愉快紧张的心理状态。

我们可以从分子心理学的学术化理论上做一个兴趣的解读。兴趣的基础是大脑中的整点信息载体分子以及与这些正电信息子相关对应的快乐激素分泌中心，如大脑脑干处的奖赏激素中心。一个正电信息子的电能越高，主体对信息子相关的外在客体或事物的兴趣就越大、越强烈。

兴趣转化为职业，本身充满着自由理想主义色彩。能够在自己的兴趣爱好陪伴下工作，还能实现自己的人生价值。严羽在《沧浪诗话》中提出的"妙悟""兴趣""别材别趣""入神"等命题引起了七百余年的论争，还有相当多的问题至今尚无定论。想要实现自己的斜杠属性，好好发展和培养自己的兴趣吧！

人的兴趣不仅是在学习、活动中发生和发展起来的，而且又是认识和从事活动的巨大动力。它可以使人的智力得到开发，知识得以丰富，眼界得到开阔，并会使人善于适应环境，对生活充满热情。兴趣确实对人的个性形成和斜杠化职业发展起巨大作用。

在职业多元化发展的今天，一个人拥有让人欣赏和记住的才华，已经不是过去的标准，不一定是学富五车，也不是出口成章，或者琴棋书画样样精通。才华在于你自己的兴趣价值实现。

才华可以是在某个领域独树一帜，也可以是疲惫生活中保留爱好，带着热情，把自己喜欢做的事情坚持下去。一直把爱好坚持下去的人都特别有魅力。爱好本身是一种长期学习的习惯，将爱好长期维持本身也是一种坚持。这里讲的是将爱好维护的同时增加趣味性，渐渐职业化的过程。

我们热爱的一些兴趣项目几乎可以变为日后职业化的过程。很多兴趣转化为职业几乎可以看成斜杠的经典案例。一个爱好踢足球的牙医可能成为冰岛队的足球教练正是基于兴趣和爱好。

每个人最大的成长空间在于其最强的优势领域，但如果你找到了自己的天赋优势，那么你的优势，会帮助你获得心理和物质上的双重回报。当你做一件自己优势范围的工作，你会发现你更有激情、更有成就感，同时也更加成功。

美国职业导师Emilie Wapnick提出了"多向分化潜能者"的概念，特指那些拥有多种爱好和兴趣的群体。她认为，这一群体具有三大能力，即快速的学习能力、整合不同领域资源的能力、较强的适应社会环境的能力，从而能发展所需的角色，以应对各种情况。[1]

基于兴趣的成功，有非常显著的特点。那就是他们做出一些成就要比普通人容易得多。他们可以在某些领域极具天赋，零基础情况自己很快能上手甚至无师自通。天赋带来的小成绩本身也是一种激励方法，奖励机制会促使

---

[1] 吴玲，林滨."斜杠青年"："多向分化潜能者"的本质与特性[J].思想理论教育，2018（6）：99-105.

肾上腺素分泌，让兴趣逐渐加深，天赋者成长得很快，在兴趣的领域内达到更高境界。

小结

世界上，没有一个人能仅仅只依靠天赋，就能成为世界级大师、顶级专家、卓越的艺术家、成功的创业者。发现自己天赋的意义，在于可以专注于自己的天赋领域，让天赋获得充分练习的机会。由此可知，人的兴趣不仅是在学习、活动中发生和发展起来的，而且又是认识和从事活动的巨大动力。它可以使人智力得到开放、知识得以丰富、眼界得到开阔，并会使人善于适应环境，对生活充满热情。兴趣确实对人的个性形成和发展起巨大作用。

2.3
现代公司发展需要斜杠人才

年轻个体尚且如此，新时代的企业也在市场的压力下，纷纷开启多元经营。多元经营的企业在我们身边并不少见，联合利华、维珍（Virgin）等，它们的产业涉及食品、日化、影视、航空多栖行业，庞大却井然有序。

现代化的公司组织中能够在公司的日常管理运营中发现靠精细化分工状态下斜杠式的工作形态能够简化管理层级、促进经营效率的提高。在企业管理系统重新塑造过程中，斜杠化组织搭建业务模块能够创新多线业务模式，人工智能一定会把那些日常事务性的东西解决掉，成为现代公司的创新组织形式。斜杠经济的塑造最终来决定一个组织以及社会的关系，这肯定是互联网进一步渗透发展的终极形态。

2.3.1 社会经济组织斜杠化

被斜杠革命后的互联网平台成为经济社会组织的现象。在三次工业革命技术发展的基础上，随着信息技术的发展，斜杠化的组织能够不断帮助管理公司提升效率，在我眼里，第四次工业革命是依靠斜杠化组织构建的项目型的组织。

在美国麦肯锡公司高级合伙人理查德·福斯特的书籍《创新：进攻者的优势》中，就收录了一个经典的"企业运用斜杠青年"的反例。

英国百代唱片公司（EMI）作为曾经的世界五大唱片公司之一，在未拓展美国市场时，市场目标和定位一直都很稳定。20世纪60年代，随着将披头士乐队引进美国并引发音乐狂潮，EMI公司获得大量现金流，这些钱成为EMI 公司多元经营的保障，也开启了它向电子产业迈进的步伐。

那时EMI公司中，有一名叫戈弗雷·亨斯菲尔德（Godfrey Housfield）的工程师，他的邻居是一位脑外科医生，医生经常抱怨X射线无法照出脑部肿瘤的具体位置，诊断时常感到困扰。亨斯菲尔德对此很感兴趣，当时他正在研制新型计算机，正巧在攻克自动识别技术，便将 X 射线与计算机相结合，发明了用于医疗领域的CT扫描技术。亨斯菲尔德也因此多了个发明者的身份，成为了一名斜杠青年。

医疗设备是EMI公司从未涉及过的业务，但在亨斯菲尔德这位斜杠青年的发明中，EMI公司看到了进军医疗领域的潜力。CT扫描技术一公布，一夜之间震惊医学界，EMI公司也抓住这个机遇，用它的新设备顶替了传统医疗设备的供应商——通用电气、西门子、飞利浦等，受到了大西洋两岸投资者们的青睐。

而阿里巴巴集体系统里的斜杠化也在同步。

淘宝、滴滴等大量平台企业的出现后会发现，斜杠青年并没在公司上班。淘宝上千万商家，网店、物流、电商服务从业人员有1500万，这些人群都不是阿里巴巴的员工，都不是阿里巴巴人力资源部门要管的事情。平台

型的组织方式，社会化就业就是主要的组织方式，社会组织斜杠化的趋势会
更加的快。

在20年前，排在全球的前20位市值最高的公司，当时的市值只有
1600多亿美元，20年后，2016年11月份的数据，同样是排在前15位的互
联网企业，市值过了3万亿人民币。15家中，中国的互联网企业有5家，
美国有10家，中国和美国是互联网世界双巨头，市值翻了180倍，这20年
变化很大。

黑色的部分是工业化的企业，绿色的部分是互联网、IT、DT的企业，
在2016年8月1日历史性的发生了反转，排在前5位市值最高的公司全部是互
联网公司，石油、零售业、银行业这些巨头全部退在后面，这是很强的信
号，一个时代的巨变到来了，到了拐点，到了巨大的拐点，在传统工业领域
就业的人，或者传统经济、传统工业组织就业者，肯定慢慢会向懂得斜杠生
态、贯彻斜杠文明的人的价值理念迁移到互联网平台去。

斜杠生态的背后对标，是把传统的工业经济巨头和今天互联网巨头对
比。例如阿里巴巴，2016年3月份财年到来交易额突破了3万亿人民币，交
易对标的沃尔玛是4800亿美元左右，220多万员工，全球将近10万个门店构
成了一个巨大的零售体系，靠IT系统把门店和商品组织管理起来。阿里巴
巴零售平台靠淘宝交易系统、靠新的评价体系、靠几十万服务商、全网络化
支付交易系统、大量社会化物流公司的合作，形成了全新的商业零售生态系
统，阿里巴巴搭建了一个交易、支付、物流的平台。

阿里巴巴不卖一件商品，连转帐的银行帐户也是用户自己的，这样的
社会化大平台下，它的就业、组织是什么方式呢，它也是经过精细分工产
业整合的斜杠式逻辑体系建立的真实企业体。阿里巴巴有3万多员工，真正
从事淘宝、天猫、聚划算的员工也就是8千名。这样新型的组织来看，未来
公司的发展会进一步走向开放、协作、透明的社会化体系，这背后要看人
力资源部门会如何变化，商业组织和人如何变化，这其中还有很多可以思
考的地方。

小结

　　企业想要开启多元经营模式，运用斜杠也好、凭借群策群力的新想法也好，都要注意业务之间的相关性，及企业规模是否足够支撑新业务的开发与维护。企业定位、战略方向作为指导公司未来的标准，虽然会有阶段性的改变，但不积跬步，无以至千里。创新固然是市场上不变的生存之道，可仍需企业机敏与谨慎兼备地寻求改变。

2.3.2 斜杠实现从无边界到有未来

　　斜杠经济真正实现了从有边界到无边界的创造。从工业经济到信息时代，最大的区别是公司的物理边界被打破。工业时代时代公司本身需要在一定土地资源上集中生产资料和劳动者实现高效分工，而信息时代的公司形态完全突破地理位置和土地的约束、由公司内部改造成了自己的聘用员工的系统。从公司内部到公司外部的整个系统，包括整个商业的、制造业价值链流程，才是这个公司真正运营的项目。

　　从华为的配件制造业务拆解来描述，包含有上游的原材料供应商、下游分销商。上下游加在一起构架起整个组织的商业形态。配件业务本身的运转是由几万家企业组成的，而在整个公司的开放系统聚集上千万商家，共同承担起华为这家巨无霸公司的运转。

　　所以无边界的现代公司形态与传统企业不是一个量级，公司组织方式也全然不同。互联网平台的电商开店就可以注册公司，背后靠信用和数据化进行连接的一套新开放体系，深化以后高度社会化协作的体系是平台化发展的方向，也是组织结构的斜杠化进程。

　　弗洛姆说："唯有当我们有能力可以有自己的思想时，表达我们思想的权力才有意义；唯有当内在的心理状况能使我们确立自己的个体性时，摆脱外在权威性控制的自由才能成为一项永恒的收获"。[①]

商业变革，由B2C转向C2B，不断推动过去工业经济组织的方式，转向平台型、全社会化开放的体系，这个时候进入真正意义商业的生态系统。商业开放生态系统中，每天在产生大量新的服务商、职位、岗位，你可以去管理100万名员工，但是无法管理开放性的上千万员工，每天生出新的、死掉一些旧的，不断翻新动态的系统，背后核心的交易系统还是支撑衍生系统和整个社会化服务系统的变化。

公司组织的无边界推动斜杠个人的有未来。互联网经济带来的冲击使得公司的旧边界不断被打破，而无边界的工作平台带来的是斜杠青年更加开放的工作状态。在开放创新的塑造下团队中斜杠青年的领袖人物个性就变得越发重要，甚至成为企业竞争力的一部分。每个新时代斜杠人才都兼具多样的人格属性和特征，这是时代对于无边界的公司组织形式下斜杠工作者的诉求。人才在公司中进一步突出其重要性，人要讲理想、讲情怀，要改变和创造新的社会秩序，这是互联网要求开放性带来的变化。这些创新工作模块下的新工作形态打破了依托工商管理建立的繁杂的规章制度，贡献出了创造性的商业效能。

B2C转向C2B的过程中，斜杠化无边界的商业活动带来了对整个工业经济、信息经济的重新塑造。过去的工厂是做RND、原材料供应和生产制造、批发、零售和消费是线性价值链，今天的网状价值链，消费者在中间，所有的商业活动都基于此做生产配套。消费者是整个商业活动的中心，而消费者对于个性化定制的诉求也越来越高。生产和消费的过程发生了逆转，B2C转向了C2B的模式，消费者提出诉求，生产商进行定制，按商品数和不同的消费者分层来挖掘消费者的需求，根据消费者需求挖掘消费的意愿，然后塑造产品的功能和价值。定制的市场基础就是斜杠化低资本状态下的自由插拔状态。

[①] 弗洛姆.对自由的恐惧[M].北京:国际文化出版公司，1988:170.

斜杠青年作为多重职业或多重身份的社会群体，它的出现，颠覆了单一科层制的组织体制和单一雇佣制的劳动模式。斜杠青年让人力资源流动起来，以实现充分、可重复的利用，斜杠化的组织雇佣方式带来了对现有组织运作方式、组织吸引人才手段乃至社保体系的变革要求。

职业价值作为人生价值的重要组成部分，是关于职业等级、职业选择、职业报酬以及职业生活基本意义的价值取舍倾向。青年人有着闲暇之余的冲动和空白时间的愿景，他们不愿接受各种人生的"默认设置"，从而想要寻求另一种实现人生价值的可能。

青年人自我能力的挖掘与拓展，都使得青年人在前进的道路上拥有了更多的发展机会和人生抉择。而斜杠青年的这种价值取向和生活志向，既符合当下的时代特征，也符合"互联网+"时代的演进潮流。

2.3.3　斜杠化生态平台涌现

斜杠化的生态结构产生了新的价值创造，推动社会化就业同时还产生新的经济增长和消费增长方式。斜杠化的时间分配使得每一个淘宝店参与者和消费者都可以利用碎片化的时间，产生基于时间自由的零工经济。碎片化就业常态的背后有一些典型的企业平台代表，淘宝的客服平台、苹果公司的App，供应链管理支撑亚马逊、阿里巴巴平台，分享链的管理平台，滴滴打车等这些企业生态中的自由工作者的群体日益扩大。白天上班、晚上去做代驾，斜杠青年可以很灵活切换不同的职业角色，开启"Peer to peer"的工业模式。就业者通过互联网的平台构架实现了跟市场的对接，通过市场的连接，价值得以实现，获得自己的收入。

互联网自由、开放、分享、透明的文化，会建立在共享的组织形态下的灵活用工方式。开放经济中想搞封闭、搞垄断是不可能的，斜杠化的人们会在不同的组织中、不同的平台中切换他的工作，这会变成非常灵活的就业方式，也会促成越来越多的斜杠人群加盟。

未来企业组织的演变，首先是企业组织进一步开放，逐渐形成没有边界的企业形态，并出现组织小微化倾向，会变成小社群、小组织。这个中间，斜杠人员出现本身就是典型的与生产方式相适应的特征，专业化、自组织化的斜杠青年将自由的组织连接置于云端平台的组织重构中。

斜杠经济中参与后工业时代分工的软性链接个体也逐渐增多。而随着产业的发展，服务业将慢慢成为后工业经济中最大的产业结构，这包括教育、健康、娱乐、文化、艺术、旅游等都会成为吸引大量就业人口的未来就业结构，未来必将有大量斜杠人才涌入这些行业。现代服务业与传统工业最大的区别就是，服务业不涉及生产，其交换的大多为个人技能、知识和时间。既然大规模集中生产已经不适用于现代服务业，没有很长的产业链需求背景，也就不需要大规模合作。如今，互联网的发展又为此类以独立平台为依附的服务业提供了很好的支撑，帮助供需双方解决信息不对称的问题，让独立的个体之间能够自由对接并实现无交易成本的直接交易。

"公司+雇员"进一步转向"平台+个人"。公司会不断雇佣员工，但是员工会不断离开公司来到各类平台上，平台上的个人无法定义是谁，可以多平台进行多方位的就业，在这样的模式下变成了新的组织方式，是小前端、大平台、多生态。斜杠个人有非常强的专业能力，同时能够非常灵活地切换自身职业场景。今天拿某项能力接入这个职场平台，改天换一个系统照样可以就业，这种自带职业能力的特性是斜杠们自己具备的能力综合体。这样的斜杠青年走到哪里都可以实现有效就业，跟过去的工厂方式不一样，工厂要聘用工人在流水线上从事固定、简单劳动且地点集中，今天平台上流水线是新的智能机器人，人以工程技术人才的方式在哪里都能创造生产。

斜杠生态建立的同时，管理方面组织平台化、系统生态化、治理多元化也在发生。也许斜杠青年近年流行开来是基于诸多互联网公司在职业上实现了无边界化的生产方式的现实，从而使得雇佣对接个体也变得个体与个体的对接形式促成招聘。我预测未来团队负责人自己通过个人属性猎取所需要的职业团队个体会成为一个趋势和常态，但我认为这对于年轻人来说真的未尝是件坏事。

年轻人的资本就是年轻，拥有时间去不断的试错。而在多元化的斜杠生涯中，也许你就会找到真正适合自己的行业和职业，此时再卸掉自己的包袱也为时不晚。当然，永远不要安于现状和被斜杠暂时的假象所蒙蔽，也许斜杠会带来暂时的优厚收入，但只有做到行业专精才是真正的可持续发展。

一句话，斜杠的人生同样精彩而有意义。

随着互联网的发展，斜杠经济有了更加合适生长的土壤。基于互动式问答的知识分享网到众包平台猪八戒网2008年上线，知识和零工的分享经济完成了萌芽阶段的发展。而2009年到2021年，国内众多领域的分享经济型企业全面开花，包括滴滴出行在内的分享经济形态大量涌现。

传统企业方面的一些变动也映衬着零工经济良好的发展势头：宝马、奔驰、奥迪等汽车巨头进军以租代售、停车共享等领域；海尔集团提出了人人创客的转型战略；用友集团则聚焦于分享经济模式，致力于为中小微企业搭建互联网人力资源服务平台。这都使得斜杠经济开始呈现出蓬勃发展的趋势。斜杠青年在社会变迁的大潮里以全新的理念和视角去审视人生、评价职业、定义成功、诠释幸福，他们既受社会影响、时代牵引、环境模铸，同时也以自身的创新理念、行为方式、价值情趣、意识取向影响着社会发展和时代变迁。斜杠青年与社会是共存、共生、共建的互动关系，他们的成长历程、社会心态、生活方式、行为趋向与整个社会的个体和群体认同、文化范式、人群心理相谐相通、同脉共续。

------------ 小结 ------------

斜杠究竟是什么？越来越多的人通过斜杠进行整体的职业规划并完善了自己的商业上的整合，弥补了业务链和市场上的缺陷。斜杠青年就是将人对知识等资源的所有权和使用权分离，斜杠的多技能的人们以获取一定报酬为目的出售自己的时间、技能、拥有物的使用权，更好地融入互联网经济环境

无边界的平台化生产方式中，将斜杠青年的职业技能分享给需要的人，促进社会价值最大化。

2.4
成功的斜杠青年

斜杠青年本身就是专业化的化身，具备专业化能力的个人才会做一个附加的人生价值的选择。实现身份斜杠是一个标签化的过程，也是一个团队的塑造过程。单一的学习过程，并不能够将自己全部的能力释放出来。

斜杠青年并不是什么新生事物，更像是新瓶装老酒，古已有之。远有圣人孔子，育人出书从政；近代如鲁迅，他就是新民主主义时期的斜杠青年，著名文学家/思想家/五四运动重要参与者/中国现代文学奠基人，拥有三根杠斜的中级玩家；再有20世纪90年代下岗潮后为了生计打多份工的普通人。所以斜杠青年只是一个新兴名词，而其所代表的事物却一直都存在。下面我们来看几位从零起步到实现人生价值的斜杠青年的真实代表人物。每个斜杠青年都想成为这个时代的佼佼者。

斜杠青年——"明报"当家查良镛。

百度百科如是介绍：笔名金庸，当代知名武侠小说作家、新闻学家、企业家、政治评论家、社会活动家，"香港四大才子"之一。拥有多栖身份的金庸，从一开始就没把自己定义为武侠小说家，但他的武侠作品却逐渐冲破了"门户"的偏见，逐渐被严肃文学圈接纳，不仅被中学语文课本选用，连严家炎、钱理群、王一川、陈平原、徐晋如等学界大咖，都是他的忠实拥趸。

查良镛付出心血更多的职业还是文化商人和政治评论家。15岁时，他就跟同学合著了一本《献给投考初中者》，类似于现在的《三年中考五年模拟》。创办《明报》获得成功，大概就源于这种洞悉读者心理的直觉能力。他也积极参政议政，曾担任香港基本法起草委员会委员、政治体制小组负责人、香港基本法咨询委员会执行委员等。他还是全能的电影人才，不仅能撰写电影评论，为电影歌曲填词，编写电影剧本，甚至还亲自执导电影。由他编剧的《绝代佳人》曾荣获文化部金奖章。金庸先生虽已作古，但他的斜杠经历却被广大媒体从业者和武侠小说迷所津津乐道。

斜杠青年的佼佼者的还远不止这些。从入选经济年度人物的中国民生银行原董事长董文标、浙江吉利控股集团董事长李书福、新东方教育集团董事长俞敏洪、江苏沙钢集团董事长沈文荣到入选中国经济十年商业领袖的联想控股名誉董事长柳传志、海尔集团董事局主席张瑞敏、阿里巴巴集团创始人席马云、万科集团董事会名誉主席王石、万达集团创始人兼董事长王健林等，他们都是斜杠青年的杰出代表，都成功地促成了自身的跨界和公司的跨界。

创造力、推动力、远见和责任成为经济人物的斜杠标签，能响应时代变化，顺应斜杠要求，也是这些成果的斜杠企业家能够作出事业的因素。

2.4.1 中国制造的斜杠化生产

中国经济的显著特点是中国制造业继续引领中国经济。在结构调整深度进行的背景下，中国制造谋求蜕变和产业升级。整个领域追求的是对制度、模式、技术和思想全方位的创新能力。

江苏沙钢集团的老总沈文荣就是在企业的调整重组中贯彻了斜杠青年思想。2018年，我国最耀眼的"草根"民企——江苏沙钢集团代表中国内地唯一入选《财富》榜全球500强，并在全行业亏损的背景下连续盈利，证明了其内在的生命力。"在全行业集体低迷的背景下，他却演绎着乡镇企业变身500强的传奇。他有草根的韧性，钢铁的坚强。他用34年的锤炼告诉人们：光荣是怎样炼成的"。

当我们每个人都已经不满足某种专一职业和单调生活方式，而是希望选择多重职业和多重身份的多元生活之时，一向被认为偏向"传统"的汽车制造商，也纷纷向斜杠青年转型。

为了推动汽车行业的整体升级，海外并购、境内重组案例不断。而作为迄今为止央企之间汽车领域规模最大的战略重组，徐留平曾就任的中国长安汽车集团已经成为一股具有鲜明特色的新势力。"他以自主品牌的名义，吹响中国汽车的集结号。百年企业重装上阵；新长安新征程，走自己的路天地宽"。

李书福因为收购沃尔沃的事迹引起人们的极大关注，更因为他一直致力于自主发展的品牌战略成就了他在中国汽车界的重要地位。"从不按常理出牌的人，见证了民营企业的顽强和倔强。一身工作服，他站在了世界瞩目的谈判席上。成功在"沃"，他正在书写蛇吞象的跨国传奇。他也完成了斜杠化的自我企业整合。他的幸福梦想是：有路就有中国车！"

豪华汽车制造商BMW集团根据自身特点与优势，正在转变成汽车界的斜杠青年化身高科技公司。Vision BMW i Interaction EASE自动驾驶人机交互概念座舱，它应用了诸如视线追踪系统、人工智能（AI）、全景平视显示系统、智能玻璃等众多黑科技，2021年将陆续搭载在BMW iNEXT的量产车型上。

白色家电行业的斜杠也势在必行。在海尔集团首席执行官张瑞敏"名牌战略"思想的引领下，海尔集团经过19年的艰苦奋斗和卓越创新，从一个濒临倒闭的集体小厂发展壮大成为在国内外享有较高美誉的跨国企业。1984年只有一个型号的冰箱产品，通过经营业务的斜杠化，目前已拥有包括白色家电、黑色家电、米色家电、家居集成在内的96大门类共计15100多个规格品种的产品群。近年来，海尔进行斜杠化微企业创新，通过其自我管理的微型企业网络模式进行运营，企业在进行分拆或者是重新分拆：这种转型的基础就是承认所有企业、团队的员工都是企业家，形成一个内控点。员工只有通过表达自己、尽职工作和充分使用自主权才能实现自己的价值。

张瑞敏曾经在欧洲工商管理学院（INSEAD）中的演讲提到："人们有能力根据自己的目标去提升自己。事实上，每个人都清楚自己的目标和个人价值。对我来说，最有挑战性的就是把经济人和社会人变成自主人。"。

在海尔的模型中，员工和劳工市场是紧密联系着的，意思是"拥有某种技能的员工会在合适的时候去合适的岗位就业"，而不是"公司考虑到员工已经为公司做过贡献，因此不断为员工提供就业机会，却不为他们直接提供一份工作。"

青岛的同城企业海信集团也是斜杠业务的典范。成立于1969年的海信已有海信视像和海信家电两家上市公司，海信、科龙、容声、东芝电视等多个品牌，已形成了以数字多媒体技术、智能信息系统技术、现代通信技术、绿色节能制冷技术、城市智能交通技术、光通讯技术、医疗电子技术、激光显示技术为支撑，涵盖多媒体、家电、IT智能信息系统和现代地产的产业格局。还有自己的专业研发中心—海信集团研究发展中心是国家创新体系试点企业研发中心、国家级企业技术中心，拥有数字多媒体技术国家重点实验室、国家城市道路交通装备智能化工程技术研究中心、国家级博士后科研工作站、光电器件关键技术国家地方联合工程实验室、国家级工业设计中心，均是国际科技合作基地、国家863计划成果产业化基地。

斜杠经济带领的新引擎动力强劲，不仅仅是企业家本身，企业的斜杆化也逐渐成为常态，出现新形势下微企业聚集的新企业形态。

2.4.2 科技创新行业斜杠化

东软集团董事长刘积仁把软件行业同中国制造业进行了完美斜杠结合，其跳跃式商业模式和软件业领军人物的形象让人印象深刻。18年探索从软实力到硬道理，他将中国"芯"嵌入全世界。

俞敏洪更是在金融危机冲击下，通过英语/教师的斜杠，产生了一个全新的教辅行业。一个曾经的留级生，让无数学子的人生升级；他从未留过洋，却组建了一支跨国的团队。他用26个字母拉近了此岸和彼岸的距离。胸怀世界，志在东方。

靳海涛领导的深创投因为抓住机遇支持了众多的创新型中小企业，随着创业板的闪亮登场，使他成为中国资本市场上最耀眼的VC明星。以创业板为舞台，以中小企业为主角，他扎根本土，打造梦工厂。他是导演，让更多的故事变成传奇；他是伯乐，给千里马插上翅膀，让梦想起飞。

刘海涛的名字因为和物联网的联系而成为经济领域关注的焦点。物联网本身就是各种资源和渠道的跨界混搭，也是人才的斜杠化整合。"他延伸了互联网的边界，让人与万物沟通无障碍；在高科技领域，他发现了一片崭新的蓝海，让世界听到了来自中国的涛声。

微信的创始人张小龙开始了往复合型斜杠人才的调整，加入腾讯后担任研发部经理，先是独当一面带领整个QQ邮箱团队，在QQ邮箱项目上表现优异后才有后来的微信正式在内部被批准立项并由其负责，在带领整个微信团队一路高歌猛进获誉无数后目前担任腾讯的高级执行副总裁的职务。

外企里，通过斜杠业务把自己经营范围拓展，实现发展壮大的案例也不少。

在英特尔，Idea to Reality即I2R是英特尔中国从2013年起在全公司开展的创新项目，希望通过"从理想到现实"这样的斜杠项目计划帮助员工把创意转化为产品，并最终把产品推向市场。最初的I2R只是征集创意和想法，经过筛选优秀的创新项目给予资金和测试资源支持等。2017年，英特尔的I2R项目更进一步，推出StartupX，并且让入围团队从高大上的研发中心、办公楼，直接进入了创业者扎堆的创新加速器XNode。很多参与项目的创新实践者，他们被称为"内部创业者"（Intrapreneur）！他们是英特尔这家科技巨头的研发人员、产品经理或者是技术专家，但他们同时也像创业者一样，接触消费者、打磨产品、寻找客户……他们像极了现在流行的斜杠青年。

深圳市富视康实业发展有限公司创立于1996年，富视康拥有近万平的办公及生产基地，8条流水生产线，6S管理，月产能10万件以上。同时近300人的员工里面研发工程师占40%，拥有上百项核心知识产权，是国内领先的智能监控产品及解决方案提供商。这家"斜杠"企业面向全球提供领先的云摄像机、高清网络摄像机、高清网络终端设备、模拟摄像机四大系列产品及智能监控方案解决平台。

斜杠经济的相关平台提供专业的服务以吸引客户，确保相当的任务供自由职业者处理，并通过安全的支付方式保证交易正常进行。Upwork便是这类平台之一，线上将来自180多个国家的360万客户和900多万自由职业者联系起来，其主要从事的领域有软件编程、图表设计、应用开发等。同时，这类平台既可以辅助大公司拓展业务，也可以满足小公司业务需求，既帮助企业极大地降低了成本，又能找到合适的人选，如会计、营销助理。如Freelancer.com网站注册用户数达到1500万。随着互联网相关平台越来越多，平台的专业性就变得尤为重要，任务一经受理，平台要立即派遣人员为顾客提供所需服务。

如跑腿网站TaskRabbit主要推出各类"跑腿"类的兼职工作，如组装家具、打扫房间、去超市买些应急货品等。类似的亚马逊家庭服务网站（Amazon Home Services）提供各种家庭类的工作机会，如搬家、修理、清扫、购物等。还有一些像Care.com类的平台只专注提供某种特定服务，如儿童护理等。

其实，Uber也是一例，单靠着将顾客送至指定地点这一项业务，优步便在全世界各大市场迅速地火了起来。自2009年起，Uber通过手机应用，打造了大型的自由职业网络。司机用私家车赚钱，与进入传统出租车行业相比，Uber入门门槛很低。2014年底，美国Uber司机便有16万名，该年仅第四季度交易额便达到6.5亿美元。由于Uber抢占了传统出租车和巴士的市场份额，推行Uber在不少国家受阻。

最有趣的案例，是斜杠科技企业雅马哈。在1887年创立的雅马哈集团，最早以乐器产品起家，现在的雅马哈同样也是全球最大的乐器生产商。

同时，雅马哈涉及的领域还包括体育用品、厨房、卫浴用品、发动机、贴片机、摩托车，等等。这么多的斜杠化业务范围，它是怎么做到的呢？

最初雅马哈创始人经营的只不过是一家修理钢琴的小公司，但他在修理时发现钢琴原理非常简单，自己完全能制造出来，况且卖钢琴比修钢琴赚钱更多，于是雅马哈钢琴诞生。正是因为雅马哈在钢琴领域的成功，让他开始制造各种其他乐器，甚至与乐器有关的产品的制造。后来电子乐的异军突起，雅马哈也是调整产品线，进军电子乐器行业，只是当时电子元件价格昂贵，于是雅马哈贯穿式开始自主研发信号处理器，并且在掌握了数字信号后，还顺便做出了雅马哈路由器。而且，从制造钢琴时对木艺有独到见解的雅马哈，在家具方面颇具盛名后，又开始了房子建造。

因为要试验螺旋桨，所以借来了飞机发动机，但由于试验过程中发动机老坏，雅马哈只能边修发动机，边试验螺旋桨，由于整个过程中掌握了发动机技术，于是就制造出了发动机。有了发动机以后，雅马哈顺其自然的制造出了摩托车和游艇，然后在制造游艇过程中掌握了玻璃钢技术，边同时制造出了轻便结实的浴缸和水滑梯……

目前，雅马哈乐器占到了全球乐器市场的23%，雅马哈摩托车在全球市场占有率排名第二，雅马哈船外机全球市场占有率排名第一。当年独立拆分出来的雅马哈发动机，自从制造出以后就与丰田合作，并生产出了丰田2000GT汽车，还研发出了丰田86上那台型号为4A-GE的1.6L发动机，在1984年的富士新人赛上，凭借着完美华丽的漂移技术和6连胜的记录，让AE86成为了经典名车。

紧接着由于福特合作研发出了3.0L自吸V6发动机；与沃尔沃合作研发出了首台4.4L自吸V8发动机；为世界著名跑车和赛车制造商路特斯提供了型号为2ZZ-GE的1.8L发动机。好像对于雅马哈来说，只要顺其自然逢山开路遇水搭桥，一直斜杠下去，总会有新的待探索的业务。

2.4.3　金融、文化领域的斜杠革新

严峻的金融危机加速了经济结构调整的进程，各行业变革的力量推动行业升级，激化出旺盛的生命力。董文标再造民生银行，超常规创新发展模式，实现对中小企业的大规模资金支持，作为产业的发动机，金融业开始从行业源头发力。"走路飞快的小个子，领导着民字头的企业航母。因为善于从危机中掘金，他实现了最大的IPO。斜杠化的他通过助力4万个中小企业，实现了民生银行的价值归属。以民为本，生生不息。"

文化体制改革深入推进，进一步解放了生产力。作为新媒体的代表，曹国伟更是斜杠青年的典型，他用一系列资本并购和股权改革，为"新浪模式"注入了新的内容。"写博客，戴'围脖'，他不断刷新媒体的定义。借资本魔方，立门户方圆。十年弄潮，他勇立浪首。"

谭跃领导凤凰出版传媒集团旗下的出版社全部转企改制，实现了公司化和股份制改造，创造式探索谭跃使其成为中国出版界第一个百亿集团的董事长。"他是文化产业的创意先锋，飞越体制的关山，历尽市场的考验。他以一连串大刀阔斧的改革，构建起中国出版界第一个百亿集团。凤凰从此涅槃。"

兖矿集团前董事长王信获得斜杠提名，除了因为他战略收购菲利克斯资源公司成功，更因为他是资源行业的先行者，资深斜杠青年的他一直特别重视对开采技术和运行模式的系统式创新。

斜杠企业，以走到哪就购买当地地产的金融投资闻名的餐饮企业麦当劳，也开始做潮牌了。麦当劳开展了旗下服饰品牌 Golden Arches Unlimited，粉丝可以买到周边衣服跟配件。过去麦当劳曾经免费赠送限量版的衣服周边，但现在粉丝可以想买就买，比如说大麦克零钱包、大黄色潮T、薯条袜子等等，不用再拼手速了！

而因应节日氛围，麦当劳服饰潮牌也推出保暖的节日毛衣和贝尼帽增添气氛。企业联名款也是一种斜杠经营策略，能够促进业务增长。

这些企业家和企业的斜杠经济参与的经验表明：掌握多个职业技能和主营业务的方法是非常可行的，在不损害公司利益的前提下，利用闲暇时间去开拓自己的事业提高人脉和资源的整合能力，在实现企业价值增值的同时并且增加个人收入也无可厚非。

———————————— 小结 ————————————

如果你想做一个斜杠青年，却又不知道从何做起，那么要仔细思考一下自己的职业生涯规划。因为职业生涯规划，就是利用科学的理念与手段，了解自己的兴趣、能力、价值观，找到最适合自己的发展领域，通过合理的计划，一步一步修炼技能，打造自己在新领域的核心竞争力，这才是成长为一名优秀斜杠青年的基础。

CHAPTER

03

第 3 章

斜杠经济的
副业刚需

斜杠经济所定义的斜杠职业，一方面是兴趣爱好的新职业学习过程。上一章主要聊了斜杠青年职业化过程、斜杠源于兴趣爱好的探索、斜杠组织的无边界生态和成功的斜杠青年有哪些，怎么成为一名斜杠青年。这些问题明确之后，就有一个棘手的困扰摆在我们面前：作为斜杠青年最重要的是想实现一个什么目标，达成一个什么样的目的。

特斯拉CEO埃隆·马斯克也很斜杠。他既是工程师、慈善家，又创立了特斯拉、支付巨头Paypal、SpaceX等4家不同类型的企业，这也是他作为斜杠青年的副业探索，他还很俏皮地把一辆特斯拉电动车用自己的发射技术送上了太空轨道，大笔买进虚拟货币比特币，成为最潮的斜杠青年代表。

事实上，国外的斜杠青年更多，纽约媒体人布朗女士就表示："我的朋友们再也不正儿八经上班了，他们都穿梭于gig之间。"美国通常用gig指代"活计"，进而"零工经济"（gigeconomy）时代随之而来。相比国外的斜杠工作者，国内年轻人更理智，他们会在副业上倾注更多的心血，却不会轻易放弃朝九晚五的主业，社会保障和福利等方面成为主要考量因素。

比如，美国目前最火的明星公司Airbnb（民宿）和Uber（专车），就让全球成百上千万的人拥有了第二份收入。国内也有不少类似的公司，比如滴滴、嘀嗒拼车等交通出行平台，淘宝、京东等电商平台，以及以微信公众号为首的自媒体平台等，甚至还扩展到了运动健身、教育、私厨美食、旅游服务、技能知识分享等许多领域。

斜杠经济是一种经济行为集合，斜杠青年在斜杠中获得更多的经济回报，不断填补自己的原始资本积累，做好职业备份：副业刚需。

副业是就业的一种特殊形式。就业，通俗地讲就是劳动者去从事某个工作或职业。一般意义来说：就业是指劳动者同生产资料相结合，从事一定的社会劳动并取得劳动报酬或经济收入的活动。

零工和兼职的形态是一种业余时间上的工作回报，也是一种就业方式。那副业到底是什么，为什么越来越多的人开始探索副业的可行性，如何实现新时代经济环境不断变化背景下的副业刚需，便成为一个必须提上台面的议题。

3.1
斜杠经济与副业

　　副业是指生产单位所从事的主要生产活动以外的生产事业。属于就业方式和形态领域，又称灵活就业、非正规就业。它是指在劳动时间、收入报酬、工作场地、保险福利、劳动关系等方面不同于建立在工业化和现代工厂制度基础上的传统主流就业方式的各种就业形式的总称。

　　有一份副业，尤其是不坐班的互联网经济下的副业形态，让人尤为羡慕。身边只要有手机和Pad就能瞬间转换工作状态，实现做副业的时间、地点、方式都不受任何限制。副业的重要性，从新冠肺炎疫情的影响就可以感受出来。很多体力劳动者在一开始没有养成副业意识，直到疫情影响到实体经济，出现了餐馆等实体店解雇员工的决策到来之前没有一份对冲措施，悔恨万分。有了一份副业，人生有了Plan B，有另一种选择。

　　职场是时间和精力消耗的战场，随着年龄的增长，时间、精力、能力跟不上，生个病、有个事、出点意外，工作也就没了，尤其对低收入人群来说，人生一直陷入负循环，想辞职不敢辞，想学习没多余钱，想努力却被家庭束缚着。副业不同于创业。创业需要付出时间、精力、金钱、思维，失败会付出惨重的代价。副业比较自由，没那么多限制，不用担心生活，可以淡定地选择一个长期领域，每天不断深挖下去。

3.1.1　副业的分类

　　副业涵盖的领域十分广泛，大致可分为三大类：

一是在劳动标准方面(包括劳动条件、工时、工资、保险以及福利待遇等)。生产的组织和管理方面以及劳动关系协调运作方面达不到具有现代化大生产特征的企业标准的用工和就业形式，如临时工、季节工、承包工、劳务工、小时工、派遣工等。二是由于科技和新兴产业的发展、现代企业组织管理和经营方式的变革引起就业方式的变革而产生的就业形式，如阶段性就业、兼职就业、产品直销员等。三是独立于单位就业之外的就业形式，包括自雇型就业，如个体经营；自主就业，即自由职业者，如律师、作家、自由撰稿人、翻译工作者、演员、广告设计师、软件设计师、中介服务工作者等；独立服务性就业，如家庭小时工、街头小贩、待命就业人员和其他类型的打零工者。

相对于传统的刚性就业方式而言，副业的就业门槛低、机制灵活、进退方便，对技术、技能和资金的要求不高，且行业门类庞杂、包容性大、就业选择的空间大。其基本特征为：服务对象具有很大随机性，劳动契约比较松散，有的虽属雇佣关系，但基本不签订劳动合同，劳动关系随时可能中止。副业人员收入不稳定，总体水平较低，平均收入仅略高于最低工资水平；劳动时间依其从事的职业性质，由雇主与劳动者双方协商确定，并可根据实际情况随时进行更改，如小时工通常为一天中某个时段；工作时间不固定、流动性强，经常更换就业岗位；副业不容易进行统计，与社会保障体系几乎没有制度性联系，或者虽有规定但很少被遵守。

3.1.2 副业兴起的原因

20世纪70年代以来，随着知识经济的崛起，各国产业结构、经济结构的调整速度加快，第三产业不断扩大，高科技飞速发展以及文化理念的不断变化给劳动力市场带来巨大冲击，人们已逐渐不囿于传统刚性的正规就业模式。同与日俱增的多元化、个性化的产品和服务需求相适应，机制灵活的副业形式应运而生，并逐渐上升为占主导地位的就业形式，显示出其强大的生命力。

在发达的市场经济国家，仅非全日制就业和临时就业就占到就业总量30%多，再加上自营就业、独立就业、兼职就业、远程就业等其他就业形式，副业总量可达就业总量的50%左右(平均值)。在发展中国家，自营就业和家庭就业平均约为就业总量的55%，其规模相当可观。副业之所以能够长期存在并不断发展，根本原因在于，它适应市场要求，顺应了产业结构变化和社会经济发展的要求，满足了劳动力供求双方的需要，因此，其不但受到雇主与雇员的欢迎，而且也引起各发达国家政府的普遍关注。

1. 副业适应各国政府缓解就业压力的需要

就业是民生之本，也是世界难题。20世纪的最后20年，由于受全球经济萧条的影响，发达国家的失业人口最高时超过了3400万，其中欧盟国家的失业问题最为严重，失业率持续在10%左右。东欧国家处在经济转轨时期，失业率平均达到15%。亚洲国家受金融危机的影响，失业率也在逐渐攀高。一些国家开始注意到传统的固定就业模式刚性大，不利于缓解就业压力，而灵活多样的副业方式，不仅为劳动者进入劳动力市场或留在劳动力市场内提供了可能，而且还让劳动者能够分享有限的工作，有助于解决尖锐的失业问题。

因此，各国政府因势利导，引导和鼓励劳动者灵活就业、企业灵活雇佣。政府一方面修订那些不利于副业的法律法规，减少对副业的限制，在税收、信贷、财政等社会经济政策方面优待副业者，从劳动条件、工资福利、休息休假、就业服务、养老保险等方面对副业者的权益进行保护；另一方面制定一些直接开创副业岗位的政策措施，以促其发展。可见，副业不愧为吸纳劳动力的"巨大海绵"，对于各国缓解就业压力显得尤为重要。

2. 副业适应企业应对多变市场的需要

伴随着全球经济一体化脚步的加快，国际竞争日益激烈，市场需求也越来越呈现出小规模和个性化的特征。灵活多样的弹性用工方式可使企业在人员配置上机动地应对变化不定的市场需求，及时得到劳动力供应，降低工资和管理成本，减少法律责任。即企业保留一定比例的固定核心员工，当订单增多或产品转型造成人员不足时，再以多种方式灵活雇用非核心员工，快速应对市场需要，实现以低成本获取高效益的企业经营原则。此外，弹性用工方式还可以有效地利用生产设备，在发达国家，雇主多用非全日制工人解决因法定工作时间不断减少而出现的设备使用上的脱节问题。

3. 副业适应劳动者就业需求多样化的需要

随着社会经济的发展和时代的进步，人们的文化理念、思想意识以及就业观念等也都相应地发生了很大变化，人们更希望摆脱固定就业模式，以便拥有更多属于自己的自由空间。副业可以使劳动者在工作内容和安排上有更多的自主性和灵活性。

3.1.3 副业的表现形式

副业兼职行为在我们的生活中甚为普遍。兼职区别于全职，是指职工在本职工作之外兼任其他工作职务。兼职者除可以领取本职工作的工资外，还可以按标准领取兼任工作职务的工资。

中国一般不实行兼职的政策，但在经济体制改革中，允许职工在完成8小时工作任务外，利用业余时间从事第二职业，此外，中国还有些兼职是不宜领取报酬的，如行政人员兼教学，教师兼行政职务等。

从广义的角度来说，兼职属于双重劳动关系的一种。但是，由于兼职所建立的劳动关系属次要劳动关系，与原劳动关系处于主次地位，因此并不为法律所禁止。而法律明令禁止的是，处于虚实地位的多个劳动关系。如我们常说的停薪留职，与一个单位存在名义上的劳动关系，又同时与多个单位存在事实上的劳动关系。这种行为极大地混乱了我国的劳动管理秩序，因此被法律法规所禁止。

另外，需要说明的是，对于非全日制工、下岗再就业人员以及协保人员的双重劳动关系也不为法律禁止，相反地属于国家积极推进就业的范围。因为，这些双重劳动关系处于多种劳动关系平行的地位。

总之，对双重劳动关系不能一概而论，不同情况有不同的规定。兼职制度无论对个人、社会都有益。从个人角度看，同时从事两种职业（如在大学教课同时在企业任职，或同时在两所大学、两个企业任职）对补充自己的知识和工作经验是有益的。从社会看，在缺乏某种人才时，允许兼职工作，会有利于人才潜力的发挥和知识的传播。

兼职搞副业是一种正常工作之外的零工，可以是体力的也可以是脑力的，兼职一般不要求工作者的工作时间或者工作强度不是很大，当然了，工资也不可能很高。目前，中国的大部分企业都不允许员工在做本职工作的同时做还兼职。这样会影响员工在正常工作时间内的工作质量。

副业主要表现形式有两种：

一是阶段的副业。如某些单位的生产经营受自然条件或市场影响。出现淡季和旺季。有的工作半年休息半年，有的工作一个月休息一个月，还有的根本就没有规律。对单位来说，这是主、客观条件造成的。但对劳动者而言，可能使工资水平下降。即使未影响收入，也造成劳动力资源的浪费。因此在单位放假阶段，应当允许劳动者从事其他适合自己条件的社会劳动，待本单位恢复生产，再回去上班。再如有的单位招用烤火工等季节性很强的劳动者，双方可以商定下一个工作周期，本期工作结束，下期工作到来之前，劳动者可以自行安排，从事其他职业，届时如期履约。

二是持续的副业。如从事教育、科研工作的劳动者，一般在完成工作任务的情况下，可以不坐班，自己可支配的时间比较多。这些人劳动能力的社会需求量比较大，应当允许他们从事其他工作或社会职业，发挥他们应有的作用。如果他们要辞去工作另行择业，单位也应当按规定帮助办理有关手续，不应设置障碍。对于失业人员和下岗职工，实行副业更有意义。他们中有的人分时段在几户居民家中做钟点工，生活充实，收入也不低，用自己的劳动，向社会展示了自身的价值，应当大力提倡。

3.1.4 我国发展副业的基本状况

近年来，我国GDP一直保持在年增幅7%～8%的较高速的稳定增长态势，但由于体制转轨、经济结构调整、技术进步等多重因素的综合作用，传统就业空间相对缩小，就业弹性持续走低。在全国城镇2.4亿从业人员中，国有、集体等正规单位就业人数逐年降低，而从事短期的、临时的、季节性的等非全日制的副业者已达1亿人以上，副业已显示出吸纳就业的巨大潜力，成为一种不可或缺的就业形式。

1. 我国副业的特点

副业的迅速发展是当前历史环境和经济社会发展的客观要求。改革开放40多年来，我国城镇经济生活中出现了两个主要变化，加快了对副业的需求：一是城镇居民收入普遍提高，私人财富的累积使人们提高了生活质量的要求，从而引发了深入到私人生活中的劳务需求，如家庭保姆、私人看护等需求前景广阔。二是城市生活服务系统出现了一个明显的供给"真空"，计划经济体制下的消费品分配系统逐步瓦解，而适应市场经济的城市消费品分配系统和生活服务系统尚未完全建立。市民的服务需求是多层次、多样化和不断变化的，而且遍布于各个社区院落，副业所能提供的服务贴近市场、反应灵敏、低廉便捷，实现了对社会多样化需求的满足。

当前我国的副业主要呈现出以下特点：

（1）量大面广、情况各异、流动分散。副业人员的主要来源结构，一是企业下岗、离岗、失业人员，主要受雇于小规模私营企业和个体经营户，从事临时工、季节工等劳务活动；二是知识阶层和大学毕业生等城市新增经济活动人口的部分人员，一般具有较高的知识水平或特殊技能，多为自由职业者；三是进城务工的农民工，主要从事建筑、装修、安装劳动，或者是保安、保洁、绿化管理、饮食摊点、家政服务及其他服务性职业。

（2）以自营就业和家庭就业为主。到2003年底，全国城镇个体、私营企业的就业人员已达到8000多万人，占城镇就业总人数的三分之一。

（3）主要分布于第三产业。副业人员从事第一产业的占1.1%，从事第二产业的占20.9%，从事第三产业的占74.6%。

（4）副业群体文化程度和技能水平普遍偏低、年龄偏大。

（5）非正规部门是副业从业人员主要分布的地带。

（6）副业方式是下岗失业人员就业的主渠道。据统计，目前下岗失业人员中，有70%是通过副业方式实现再就业的。

2. 我国发展副业的重要意义

第一，有助于开拓就业门路，增加就业岗位。我国的就业形势严峻，在总量矛盾十分突出的同时还面临着结构性就业矛盾。解决就业问题，完成劳动力结构调整的任务，成为我国经济体制转轨以及经济发展中所面临的巨大挑战。而副业门槛低，对技术、技能和资金的要求一般不高，对不具备就业竞争优势的下岗失业人员以及进城农民来说选择的余地和空间较大，机制灵活，进退方便，有利于吸引各种择业取向的人加入。副业已成为我国城市失业人员就业和再就业的主渠道。

第二，有助于缓解城镇贫困问题，确保社会的和谐稳定。在城镇贫困人群中，下岗失业人员占大多数，他们在正规就业竞争中，由于劳动技能单一、年龄普遍偏大、可流动性差等原因，明显处于弱势地位。但与城镇新成长劳动力、农村剩余劳动力相比，他们在副业领域具有明显竞争优势：具有多年城镇工作、生活基础、个人信用资源多、社会关系广、工资以外的附加条件较少(如一般不需雇主解决住宿等问题)，容易接受灵活的劳动时间安排等，因此大力发展副业促进下岗失业人员尽快在这一具有竞争优势的领域实现就业，能够有效增加他们再就业的成功率。从而有利于减少城市贫困现象，构建和谐社会。

第三，有助于完善社会服务体系。随着计划经济向市场经济的转型，我国相应的社会服务体系尚未全面建立。比如社会服务，特别是新兴的服务行业，如家政服务、病人陪护等，出现了明显的供给"真空"。副业大多集中在服务业，它所提供的灵活多样、方便快捷的劳务供给，能够弥补城市社会服务的不足，提高社会服务的整体质量和水平。

第四，有助于推进企业人力资源管理制度的确立。在我国正规部门中引入诸如非全日制就业和临时就业等机制灵活、进退方便的副业形式，对一些非核心或通用型岗位采用弹性工时制度和灵活多样的雇佣合同，不仅能节约人工成本，提高组织效益，而且有利于扭转激励不足、效率低下的僵化用工模式，促进这些部门中现代人力资源管理制度的形成。

3.1.5 促进我国副业发展之路径分析

如上所述，在我国总体就业压力大、结构性矛盾尖锐的情况下，副业形式已成为推动经济增长和增加就业岗位的一个亮点。但目前副业在我国的发展还不够规范，存在着不少问题和障碍。

主要有：开办小型企业和从事个体经营面临着不利的政策环境；现行社会保障制度与促进副业发展的要求不相适应；副业者的权益得不到保障；缺乏针对和适应副业的法律规范；劳动关系的复杂化和多元化问题；城镇社区建设滞后等。因此，必须正视副业发展存在的问题，积极引导，充分发掘其潜力。

1. 提高对副业的认识，树立正确的就业观

一方面，要提高全社会的认识。就业既包括传统的以长期固定工为主的正规就业，也包括副业，各种形式的副业都属于就业，是就业的一个重要组成部分；而且发展副业既是一种普遍的国际趋势，同时它也适应了当前我国

经济结构调整和社会转型时期劳动就业的特点。是解决就业问题，完善市场化就业机制的长远发展方向。在有些企业老板看来，斜杠青年让他们又爱又恨。爱的是多样的人生角色扮演可以迅速提高员工的综合素质，让他们更好地适应本职工作；恨的是花钱雇用的员工，心思搞不好用在别处，为了外面的副业耽搁了本职工作，更忌讳员工用公司资源搞外快。

另一方面，要转变就业观念，树立大就业观念和现代就业观。应从构建社会主义和谐社会和实现可持续发展的战略高度认识发展副业的意义，将发展副业纳入政府宏观经济和社会政策的考虑范围，认真做好宣传工作，消除人们的思想顾虑，促进副业的健康发展。

第三方面，完善相关法律法规，保护副业者的权益。要对现有劳动法中不适合副业形式生存发展的规定进行修改和调整，逐步建立适合副业特点的劳动关系制度，如明确小时用工最低劳动报酬标准，制定与副业形式相适应的劳动关系形式、工资支付方式，特别是对副业劳动者的工时、劳动和安全卫生条件及人格尊严保护等方面要作出明确规定，提高其社会地位。同时，加强劳动监察检查和执法力度，设立副业人员权益保障协会，为副业者提供有关法律咨询等，切实保障其合法权益。

2. 改革和完善社会保障制度

目前我国的社会保障体系主要是建立在正规就业基础上，并不适用于副业。为了消除副业者的后顾之忧，应尽快改革和完善社会保障制度。

一是要改变社会保险政策和管理方式。针对副业的新情况，把管理和服务的对象由单一面向用人单位转向既面向用人单位，也同时面向劳动者个人。树立生活保障和就业保障并重的思想，充分发挥社会保险在促进就业中的积极作用政府劳动部门要及时研究这一就业领域出现的新情况、新问题，抓紧制定相关的配套政策，保障多种用工形式不断规范、健康地发展。

二是要研究和实行适合副业的社会保险形式。主要是在缴费办法、缴费基数和比例、缴费年限等方面设计适中的标准，其方向应是降低门槛、灵活服务。确立副业人员个人缴费的主体地位，并制定相应政策积极为其提供服务。同时，也可探索和试行商业性保险的做法。当务之急，可先制定专门适合副业人员的社会保险办法，使他们老有所养，病有所医，困有所帮。

三是要建立专门的社会保险关系信息库及相应的管理制度。在副业者日益增多、工作岗位变换日益频繁的情况下，劳动者社会保险关系的变动、接续和管理的工作量越来越大，应尽快建立专门的信息库并逐步实现在地市间、省市间的联网与信息共享，为频繁变动就业单位的副业者建立、接续社会保险关系提供快捷、准确的服务。

3. 制定落实优惠政策，扶持副业

首先，建立有利于副业发展的市场竞争环境。降低市场准入门槛，鼓励竞争，规范竞争秩序，促进非正规部门参与市场公平竞争；建立竞争公平、运行有序、调控有力、服务完善、城乡一体化的现代化劳动力市场，确立市场机制在劳动力资源配置中的主体地位，运用市场机制调节劳动力在正规就业与非正规就业之间的供求关系，使更多的劳动者通过劳动力市场实现非正规就业。

其次，为副业提供政策支持，一是继续制定和落实工商管理政策。重点是在对国有企业下岗职工实施优惠工商管理政策的同时，把适用范围逐步扩展到其他失业人员；加强督促检查和咨询服务，把已有的优惠政策落到实处。二是进一步研究制定资金(信贷)扶持政策。如制定小额贷款的抵押担保办法，政府可考虑建立小企业贷款担保基金，支持中小商业银行为微型企业和个体工商户贷款。三是进一步制定和落实税费减免政策。切实落实已有的减免税政策，同时扩大现行税费减免政策的适用范围。凡具备创办小企业或从事个体经营条件的，都应予以税费减免的扶持。四是为拟创办小企业或从事个体经营的人员给予技术指导、咨询和技术帮助。

4.开辟副业新领域，加强对副业的服务

在我国，副业有着巨大的发展潜力，其中以下几个领域特别值得关注：

（1）城镇社区服务业。目前发达国家的社区就业份额为20%～30%，而我国只有3.9%要使社区服务的就业潜力转化为现实。关键是建立一套有效的社区就业服务体系。重点是建立有效的就业管理和组织体系，组织包括街道和居委会在内的基层就业服务网络，构建以社区为依托的促进副业的新机制等。

（2）大中型企事业单位的后勤服务。随着改革的深入，国有大中型企事业单位的后勤服务将逐步剥离，这是一个新的就业增长点。应采取灵活多样的形式，积极组织城镇下岗失业人员承接这些后勤服务项目。

（3）大中型企业的副业。随着更多地采用适应市场变化和自身特点的弹性用人形式正成为大中型企业的一个趋势，应建立健全"劳务派遣组织"。积极组织就业困难群体到大中型企业灵活就业。

（4）小型加工服务领域的副业。企业在打破"大而全"和"小而全"、深化社会化分工过程中分离出来的生产和加工项目，有相当一部分非常适合小型企业、家庭企业或个人承包生产，应建立有效的信息、咨询、投融资等服务体系。沟通副业与正规部门之间的联系，推动失业人员以各种形式从事大中型企业的零部件加工、包装等生产和服务项目。

（5）高科技行业和服务行业的副业。现代科技的发展，创造了许多灵活多样的就业方式，如网络销售产生了大量的物流配送岗位。同时，对就业方式也产生了广泛而深远的影响，出现了就业分散化、办公家庭化，使以劳动关系松散化为特征的劳务型就业和承包就业成为一种趋势。

3.1.6 斜杠青年隐性就业副业发展

斜杠青年属于隐性就业。隐性就业族指的是他们的职业状态并未反映在

政府有关部门的统计、记录或其他管理劳动就业的形式中。当翻译、开网店、当自由撰稿人、做家教等，没有通过规范就业渠道获得固定职业，而通过同时打数份短暂零工获得收入的大学生隐性就业族越来越多。

副业是什么？副业就是副产，就是有主业收入的前提下去搞副业。在做好主业的同时再去研究其他赚钱项目。例如，一名学生，主业是搞好学习，课外之余可以做一些副业比如做家教来赚取生活费。再例如说，一位职员，下班后有充足的时间去研究所喜欢的事情，利用爱好来赚钱。（在知乎这种案例有很多）。很多老板都会把金钱和精力投入到不同的领域来实现投资的风险对冲，降低投资风险。

举个很简单的例子：阿里巴巴他们主要做什么的呢，他们旗下产品又有哪些（支付、物流、云计算……）不对口的产业又有哪些（外卖、电影、健康……）这些都叫副业。

1. 年轻一族热衷隐性就业

受金融危机影响，很多用人单位减少了招聘岗位，不少大学生开始考虑通过隐性就业避免"毕业即失业"的尴尬。所谓隐性就业，是指没有按照规范就业渠道获取固定职业的一种工作和生活状态。一些大学生，特别是设计类、艺术类和翻译类专业的大学生，往往采取隐性就业的形式，现在也有一些高校把学生开辟自媒体公众号等路径也划定自主就业的一种。隐性就业对不少毕业生来说，算是一种就业前的热身，金融危机下这种现象更多。由于称心的工作不好找，又不想闲着，于是趁着这个时候充电、积累经验，等经济环境好转后，这些毕业生还是希望找到合适的正规职业。据美团发布《2020上半年骑手就业报告》中显示：截止2020年6月30日，美团拥有外卖骑手295万人。其中，研究生占比3%，本科生占比约5%、大专及以上学历占比24.7%，相比2019年，提升6、7个百分点。这说明每年大约6万研究生、17万本科生将送外卖作为自己的职业。虽然不是合同雇佣制，但也是形成就业事实。尽管选择隐性的原因不尽相同，但成为隐性就业者就意味着告别了毕业即失业的窘境，有不少人一边隐性一边创业。

2. 收入水平参差不齐

虽然没有固定的工作，也不像上班族那样收入稳定，但不少隐性就业族靠打零工就过上了优越的生活。"隐性就业族的生存状况参差不齐，有好有坏。"山东大学人事处的王旭锋表示，学习艺术、翻译、设计和软件开发等专业的学生由于有一技在身，要价又比相关企业要低，往往有机会从事各类中短期项目，较易采取隐性就业的方式解决生计，甚至过上比捧"铁饭碗"的同学过更优越的生活。一位淘宝店主李洪帅就发帖表示："毕业时由于没有什么具体的职业规划，于是就去凭兴趣赚钱。现在经营的还算不错，所以就业到底是显性还是隐性并不重要。"但并不是所有的隐性就业者都是一帆风顺的，许多隐性就业者都面临着很大的生存压力。

3. 隐性就业的原因不尽相同

近年来，大学生隐性就业族的规模不断扩大，这一方面是受到市场需求、专业冷热程度等客观因素的影响，另一方面也反映了大学生就业观念的改变。隐性就业族做此选择的原因也不尽相同，有甘之如饴者，也有被逼无奈者，还有人把隐性就业当作寻找正式工作的过渡期。隐性就业者大都思维活跃、向往自由，很多人在就业时选择开网店、做翻译、撰稿，甚至同时兼职打几份零工。不过，大多数人就业的初衷仍是找一家常规、稳定的单位，只是因为各种原因未果，才最终走上隐性就业之路。

为什么那么多人要搞副业？

（1）赚钱。我们做主营业务不好吗，为什么要搞副业？最简单的一个原因，大部分人搞副业还是为了多赚钱，在主业稳定的前提下通过副业赚些收入。这就和捞点儿外快差不多，都是一种赚钱的方式和渠道，几乎没有人讨厌钱，因此做副业的人也就越来越多。换一种方式来看，很多工作其实都有平均工资标准，每年会有小幅度增长，但是增长速度很缓慢，要想每个月工资多几千块，在工作上要付出非常多的努力，但如果你能做好一个副业，每个月多挣几千块钱却相对容易。

（2）调剂生活。赚钱和爱好很难兼顾，副业可以让你在因单位复杂人际关系导致的压力爆棚、心身俱疲时，有一个热爱的事业作为港湾。因为有本职工作，吃穿不愁，所以副业一般可以选择热爱的事业。一个朋友热爱摄影，本职工作和摄影几乎毫无关系，副业给人拍照，加班到晚上10点，回去一摆弄摄影器材，什么烦恼都没了。

（3）增强抵抗力。"中年失业"已经不是什么新鲜词，现代社会分工日益明确，越是管理完善的大企业，越是只希望你做一颗螺丝钉，最好依附于企业，离开企业啥都不是。中国社会最不缺年轻劳动力，中年人工资高、杂事多，企业自然倾向于选择更有创造力、更能加班的年轻人。但中年人又是最脆弱的群体，上有老下有小，中间还有房贷、子女教育费、医药费，压得人喘不过气。

（4）资源整合。本职工作是立身之本，提供好的平台，但未必可以整合你手头所有资源。利用平台资源，全力发展自己的副业，可以更好整合手头资源。副业不会是单纯地出卖时间和劳动，而是通过个人技能的提升、人脉的积累、资源的整合，逐渐使副业的收入变得更稳定可观。副业的积累不是一朝一夕之功，从现在开始，把自己的爱好往前更推进一步，发展成可以赚钱的技能。

（5）学习。当从一个领域跨越到另一个领域开始研究副业赚钱项目的时候，就是在不断地学习新知识了。比如你做自媒体，你肯定要去学习运营知识，去研究自己擅长领域的知识，为他人创造价值，就是创造自己的价值。

（6）人脉。都说"隔行如隔山"，去研究一个副业项目的过程，就是在研究这一个行业，看得多、做得多，经验就更丰富，接触更多的人，人脉和经验就会更好。

（7）试错。每个人都会有一丝的创业念头，为什么会退缩，因为怕犯错，怕辞职后没有收入，怕创业失败。但做副业就不一样，做副业时我们有主要工作收入，来研究尝试我们想创业的项目，来验证我们的创业思路。比如开一个服装店，想研究这个行业怎么赚钱，能不能赚到钱？可以从线上入手，从开网店到找供应商再到去销售，这一套流程走下来就能大体了解这个行业。若经营思路行得通，可以辞掉工作，大胆地去开启"创业之旅"。

小结

以国外的经验和目前的国内大环境来看，副业是趋势。不管你是否承认，现在很多拥有两份收入的人，正在过着让你羡慕的生活。而我的朋友圈里，越来越多的人也都开始走上了粉客豹内容分享赚钱之路。就像是现在很流行的新词——"副业刚需"，搞副业已经是成年人该有的觉悟了。给自己计划一个planB，在面对突如其来的变故时，可以从容对待；也可以比自己的同事多赚几千块。

3.2
自由职业者与斜杠经济

自由职业（freelance，简称自由业）是指以个体劳动为主的一类职业，没有隶属于任何公司或与特定公司签订专属契约的职业状态，如作家、自由撰稿人、翻译工作者、中介服务工作者、艺术工作者等。派遣职员因为和派遣公司有签订契约，和自由契约有别。

自由职业的英语"Freelance"要追溯到中世纪的欧洲。国王与贵族每遇到战争都会和佣兵团签订雇佣契约，其中有不属于佣兵团的士兵。当时的枪骑兵（lancer）多会附带从属的步兵或弓兵，因此签契约时是以枪的枝数计算成一个战斗单位。从此"Freelance"就被使用为表示尚未和敌方势力签约（free）的战斗单位（lance）的单词。当时意指士兵的"freelancer"到了近代以后，转变为表示脱离组织工作的状态。自由契约的free是指政治立场自由。

斜杠的自由职业者的社会人群界定上，也有其合理性。斜杠青年通过多维度扩展，通常拥有广阔的人脉圈，如果企业可以挖掘这部分价值，便可以给企业带来增值。但如果斜杠青年没有合理分配好主副业时间，可能会出现主副业都做不好的情况。变成不得不从事自由职业的自由职业者。因此，斜杠青年需要搞清自己要过什么样的生活，知道什么因素在职业生涯中是最重要的，然后再根据个人兴趣和能力合理地分配精力，做一个忙碌且兼顾的斜杠青年。

3.2.1 自由职业的评析

自由职业不与任何用人单位建立正式劳动关系，又不同于个体、私营企业主等具有一定经济实力并进行工商营业登记的那种情况，而是凭自身的脑力或体力为社会提供服务性劳动，从而获取报酬的就业形式。互联网为自由职业者搭建起了工作平台，带动了所谓临时工经济的发展，同时也带来了一些不确定因素。临时工经济包括各种网络钟点工：买花、送票、接人、送饭、临时看小孩、陪聊，寄信、偷菜、挂QQ、下载电影、制作EXCEL表格、制作视频、翻译文章，等等。大体上，行业包括保险、商品等推销员，技术、房产、物资等交易中介人，社区服务、家政服务、家庭教师、职业证券投资人、经纪人等。

这些就业岗位大部分是计件付酬的自由职业用工形式。他们活跃在第三产业领域，既创造了社会效益，又解决了自身的谋生就业。雇主与劳动者之间只需就工作数量、质量与劳动报酬等达成简单权利义务关系，甚至不建立正式劳动关系。其中相当一部分人获得了稳定的甚至丰厚的经济收入。

斜杠青年在尚不知晓自己适合哪个领域时，在精力可以兼顾的条件下，尝试副业是正常的选择，但一定要分清主副业。在主业有工作时，其他工作就要让路，因为主业是当前自身价值最核心的体现。如果有一天斜杠青年觉得副业的成就或潜能超过主业，完全可以进行主副业倒置，但要思虑周全。

部分下岗职工从事自由职业由于未跟新的雇主建立正式劳动关系，又未跟原单位解除劳动关系，因而得不到社会承认。自由职业无论从就业的定义、解释，还是从市场经济客观现实需求，都应承认其是一种正规就业形式，从而使这些通过自由职业的隐性就业的下岗职工浮出水面，以减轻再就业工作的压力，同时也便于对自由职业进行必要的规范和管理。

但随着时代不同，现在的斜杠青年是敢于尝试新鲜事物的，对社会丰富性和多彩性非常敏感，便形成了乐于尝试不同职业的状态。这是时代赋予斜杠青年特有的属性，这谈不上对工作忠诚或是不忠诚，因为真正的忠诚应该源自于对一种工作价值的认同，如果与自身价值观相符，便会一心发展主业，不会出现自由职业的情况。

关于自我投资，需要建立正确的认知。所有的投资，都无法立刻产生回报，需要经历一个投资期。现在浮躁的社会，让很多人都失去了耐心，学什么东西都求快。然而，所有能够快速获得的，都无法成为核心竞争力，只有那些必须花足够时间换来的东西，才可能成为你的核心优势。

在努力的过程中，也不要忘了去试错。事情对还是不对，做了才知道，对了就继续，不对就重新调整。以自己想要的方式去生活，把爱好当职业，是很多人心中的愿望。但是，当愿望暂时不能实现时，不妨先充分利用业余时间，从做一个斜杠青年开始。但需要注意的是，40岁应作为一个重要分界线。斜杠青年在年轻时可以进行多方面尝试，到30岁左右应该有一个大致方向，到40岁时就应该完全稳定下来，坚守一份主业来做。因为40岁后，一份工作经过一段时间积累和发展，应该已经到达一定高度，是行业里的中坚力量，这时斜杠青年就应该全神贯注来做自己选择成为主业的事情，珍惜人生精力旺盛又相对辉煌的时刻。

3.2.2 什么是自由职业者

自由职业者是指那些不与用人单位建立正式劳动关系，又区别于个体、私营企业主，具有一定经济实力和专业知识技能并为社会提供合法的服务性劳动，从而获取劳动报酬的劳动者，也就是很多人认知的打零工。如自由撰稿人、家庭教师、健身教练等。

从这里我们可以明显看出，他们的自由职业可能基于劳动报酬的第一位诉求，而是不是我们所定义的斜杠青年的兴趣爱好推动的个人发展，就变得不是那么重要了。胃病是很多出租车司机师傅的职业病，绝大部分情况是因为饮食不规律导致的，但他们放弃了规律的饮食只是因为想要获得更高的经济回报，而非他们喜欢这样做，两者是有本质区别的。

自由职业者的特征：

（1）城区为主，分布广泛。这一群体不仅在各大中型城市中占据了一定的比例，同时在经济条件相对落后的县城乡镇也形成了一定的规模。

（2）整体年轻，思想开放。自由职业者主体是中青年，而且不断有年轻人加入，年轻化的趋势较为明显。改革开放后成长起来的年轻人思想更为开放，愿意选择自由职业这种富有挑战性的就业渠道。

（3）以我为主，兼顾社会。他们以诚实劳动换取合法收入作为自己的主要追求目标，大多奉公守法，大都重视人生价值、追求成就，主流是健康向上的，对党的基本路线和开放政策普遍赞同。

（4）专业素质高，适应能力强。大多数接受过高等教育或受过某种专业的训练，具有一定的理论基础和职业素养。他们凭借专业知识与才能的优势，可以在不同的地方、面对不同服务对象，表现出较强的适应能力。

（5）压力虽大，但有追求。他们在脱离单位约束的同时，也脱离了组织的保障，要承受创业艰难、收入不稳、成就承认、社会保障、歧视观念等种种压力。但他们没有退缩，而是知难而上，为实现自身价值不断拼搏。

零工经济(Gig Economy)指的是由工作量不多的自由职业者构成的经济

领域，利用互联网和移动技术快速匹配供需方，主要包括群体工作和经应用程序接洽的按需工作两种方式。入职、工作、升职、加薪，这些都是人们传统思维下的工作模式，一份工作往往一干就是好多年。但如今，不少斜杠青年开始青睐做自由职业者，这些人出于生活用度的考虑，或是时断时续做着某样工作，或是随机找一些兼职，列计划，排日程。

美国学者黛安娜·马尔卡希在《零工经济》一书中这样描述零工经济时代的工作方式：用时间短、灵活的工作形式，取代传统的朝九晚五工作形式，包括咨询顾问、承接协定、兼职工作、临时工作、自由职业、个体经营、副业以及通过自由职业平台找到的短工。

2018年12月12日，EdisonResearch发布了一份报告：《2018美国的零工经济(Gig)》(AmericansandtheGigEconomy)。报告显示，几乎四分之一的美国成年人在自由职业中赚钱。商业调研结果显示，自由职业工人占美国劳动力的34%，到2020年将增长至43%。首先，多重职业虽是全球趋势，但并非那么简单就能实现。在很早之前，自由职业便已涉及了诸多领域，如写作、编辑、设计、技术交易、房地产评估，甚至是体能训练等等。

在中国，自由职业其实也早就有发源。20世纪70年代末期至80年代中期，苏南地区的乡镇企业从起步走向蓬勃发展，但是大多数企业一缺技术，二缺设备，三缺市场门路，关键还是缺少懂技术、会使用生产设备的技术人员。于是，当时的乡镇政府和企业聘用城市下放或退休在本地的干部和技术工人，或者通过种种关系从上海、南京、无锡、苏州等城市工厂和科研机构聘请工程师、技术顾问和师傅，来帮助解决使用机器、开发产品、保证质量、降低成本等技术难题。这些被称为"星期日工程师"的技术人才来自大城市里各个不同的行业，但是他们都会利用当时一周唯一的休息日到乡镇企业去攻坚克难，实现了科技创新资源的按需市场化配置。

而随着市场经济的发展，人们出于改善自身生活状况的需求，从而进行一些自由职业斜杠兼职，这种情况也十分常见。但由于大部分人在思想意识上还是希望加入一个组织来工作，同时信息科技不够发达，不能够很好地撮合供需双方，因此自由职业者的斜杠经济没有得到大规模发展。

3.2.3 自由职业者的发展趋势

如今，随着数字市场的发展，自由职业者的从业渠道被大大拓宽，自由职业者的队伍也愈加庞大。互联网为自由职业者搭建起了工作平台，带动了所谓临时工经济的发展，同时也带来了一些不确定因素，需要做好心理准备。若是没有这个心理承受能力，你就只当这个自由职业者的趋势与你无关。

（1）自由职业的斜杠队伍数量将不断壮大。就业压力大、择业观念的转变、经济社会发展的需要和市场的需求，将进一步吸引更多的社会成员进入自由职业领域。

（2）自由职业在经济社会发展中的作用将更加明显。他们在化解社会矛盾、促进社会和谐、扩大就业门路、缓解就业压力，促进民主法制建设、推动社会进步等方面都发挥着越来越重要的作用。

（3）支持内卷带来两极分化的趋势加剧。市场的竞争，决定了他们内部的两极分化难以避免，而且收入的两极分化程度还可能进一步加剧。

（4）要求就业保障和收入分配改革的呼声将更加强烈。在社会保障制度、技术职称评定制度和税务政策方面，自由职业者希望体制内外平等对待。

（5）政治参与的意识将不断增强。经济地位的不断提高使人们更加关注自身的政治权利，渴望进入政治生活，保护自身利益。新的社会阶层作为新时代经济发展的重要经济要素，一批新兴行业代表开始觉醒政治意识，谋求更广泛的政治参与，寻求利益代表人。

自由职业的劳动者与过去所熟知的个体户打零工的根本区别是：斜杠青年依赖互联网技术的信息分发和流程组织。在经济学家的语境中，自由职业是一种新型雇佣关系，平台将替代企业，成为用工的主要连接体。"斜杠经济"新趋势下，自由职业者会逐渐内化权利，寻求自身就业权利和社会保障的政治保障，并逐渐获得社会认可。

3.2.4 自由职业者存在的问题及对策建议

斜杠经济的自由职业争议。如今斜杠经济的核心问题是平台化的互联网机构给自由职业者带来的究竟是福音还是噩耗。斜杠自由职业一边享受着互联网平台帮助工作者寻找弹性创收方式的同时，它还彰显社会阶层带来的收入不平等。无力改变自身社会地位和经济现状的青年人们逐渐对传统工作模式的热情消退。

其实，答案是两者皆有的。麦肯锡全球研究所近期调查表明，斜杠经济平台对劳动力就业有相当的影响。世界上失业、不愿工作或仅做兼职的劳动力大约占30%到45%。这意味着仅中国、美国、英国、德国、日本、巴西、印度便有8.5亿人口不做全职工作。当前，美国劳动力就业率也呈下降趋势，从2007年初到2014年底，该国就业率下降了3.7%。这其中一部分人是偶然失业，一部分人是更倾向于做兼职而非全职，还有不少人是期望寻求创收方式。

美国一项调查表明，四分之三的失业人口若有弹性的工作机会时，会选择继续工作。互联网零工平台便为这部分人提供了多项选择的空间。即使那些不愿工作的劳动力中一小部分，利用互联网平台，每周只工作几个小时，他们产生的经济效应也是巨大的。调查表明到2025年，斜杠经济平台将创造1.3万亿美元的巨额财富。

1. 自由职业者从事斜杠经济存在哪些问题呢？

（1）创业环境较差，有待进一步改善。有些自由职业者创业过程中遇到许多困难，创业起步艰难；有些自由职业者在自己的专业领域具有较深造诣或较大影响，但无法得到政府认可。

（2）沟通渠道单一，有待进一步扩展。各级人大、政协中虽有一定数量的沟通，但比例很小。目前自由职业者与党政部门的沟通以单向为主，双向的较少，而且主要是以会议形式沟通，但沟通深度不够。

（3）政治引导工作较弱，有待进一步强化。自由职业者长期生存在体制外，在各种因素的作用下，思想多元、见解独特，容易在一些社会问题上形成偏颇看法，更容易受到不良思潮的影响。

二、如何解决斜杠经济困境对策建议

要坚持"充分尊重、广泛联系、加强团结、热情帮助、积极引导"的工作方针，尊重斜杠青年的劳动创造和创业精神，凝聚他们的聪明才智，引导他们爱国、敬业、诚信、守法、贡献，做合格的中国特色社会主义事业的建设者。要坚持以社团为纽带、社区为依托、网络为媒介、活动为抓手，把新的社会阶层人士更广泛地团结和凝聚在党和政府周围。

（1）发挥统战优势，促进和谐发展。自由职业者是新的社会阶层的重要组成部分。要摸清底数，把握总体特征，建立和培养代表人士队伍；要从总体上加强对自由职业者统战工作的研究和规划，协调各方做好自由职业者工作；有关社会团体要充分发挥团结联络、教育引导、行业自律、服务成员、维护权益、建言献策等方面的优势和作用，努力成为党和政府联系自由职业者的桥梁和纽带。党组织、共青团及民主党派要发挥积极作用，做好吸纳、培养、人才推荐和使用工作。

（2）加强政治引导，促进群体发展。要发挥统战部门的作用，将他们更好、更合理地纳入党和政府的视野，使之在实现自我发展的同时，更好地为社会服务。要适当增加自由职业者在人大、政协和群众团体中的比例，拓展自由职业者政治参与渠道，为他们参政议政提供更多的参与机会，充分保护他们的政治参与热情，不断提高其政治参与的效能。

（3）制定相关政策，改善创业环境。面对愈加严重的就业压力，应出台更多优惠政策，如允许自由职业者参与职称评定、纳入社会保障与医疗保险体系、给予应有的社会地位，享有与其他从业者相同的社会权益等，鼓励人们把择业目光更多地转向自由职业。

（4）做好服务工作，搭建业务平台。由于自由职业的特点，决定了他们在工作不稳定的情况下要不断去寻找新岗位。而中介、亲友介绍、布告栏、网站信息等方式，均有诸多弊端，仍然满足不了自由职业者的需求。在这种情况下，有关部门应制定相关政策措施，为自由职业者搭建业务平台。另外，相关部门要把对他们的培训工作纳入人才培训的整体规划，并充分发挥行业协会和社团作用，通过定期专业培训学习，不断提高适应能力，促进自由职业整体稳步发展。

3.2.5　自由职业者对社会的积极贡献

目前，各国政府也在研究如何维护互联网零工们的权利，如最低工资标准是否适用零工，斜杠青年的福利待遇如何配给等等。德国、加拿大等国家法律上特别设立了"相关合同工"的概念，用以保护那些在雇员、独立合同工范畴外，又服务于某单位的劳动者的权利。斜杠青年的待遇和福利是重点关注的问题。以美国为例，美国正式员工享受一系列福利待遇，包括医疗保险、伤残保险、失业保险、产假休假福利，及退休金保障。但自由职业者则需要自行缴纳一系列保障资金。

互联网斜杠平台也非尽善尽美。平台上，任务的完成质量正在接受更为严格的监督。数字平台因商品明码标价的特点，也带来了更为激烈的竞争。正如电商市场不断压低商品售价一般，零工平台上服务价格也在不断下降，由此也造成了薪资无法维持斜杠青年日常生活等问题。

倘若数字革命衍生出的互联网零工模式成为未来社会的一种常态，那么国家需要重新考虑设计一套完备的保障制度，包括提供福利待遇、培训相关从业者、授予技术资格等。

一旦政策和体制健全，未来将会出现更多的自由职业者。各行各业都会有不少人才进入互联网零工市场。政府和企业需要做的，便是为这些自由职业者搭设平台、完善体系，让他们享受到合理的经济待遇。

（1）促进经济发展，增加社会财富。从事生产、经营、管理和服务活动，为社会创造了新的财富，向国家上缴大量的税收，成为国民经济新的增长点。

（2）扩大就业门路，缓解就业压力。自由职业者拓展新的就业形式，创立行业、兴办企业吸纳劳动力，缓解了社会转型期所带来的巨大就业压力。

（3）捐助公益事业，推动社会进步。大多自由职业者富而思源，积极参加"希望工程""光彩事业"和各种捐款捐物等社会公益事业。

（4）加速知识升值，引起人才重视。自由择业使许多知识分子的社会地位、工作环境、经济待遇、生活条件得到了较大的改善，推动了尊重知识、尊重人才良好风尚的形成。

（5）更新择业观念，开辟创业渠道。摒弃了对工资、晋级、劳保、住房、户口等传统指标满足，改变了过去单纯"靠分配、等安排"的就业模式，主动出击，走向竞争激烈的人才市场，这一新的择业观的社会影响正在日益扩大。

（6）拥护改革开放，维护社会稳定。斜杠青年自由职业者产生于改革开放后，他们是改革开放的受益者，也是改革开放的拥护者。他们扩展就业机会、热心公益事业，在客观上已经成为社会稳定的重要力量。

互联网普及之前，斜杠青年是社会的一点，即使你拥有一项技能，你必须要找到合适的渠道才能将自己的技能展现给这个渠道上的人，取得他们的认可之后，你才有可能经过这个渠道，也就是社会的一条线，把你的技能带到全社会的面前。这是一个典型的由点到线，再由线到面的过程。

小结

在"自由职业"渐渐成为流行趋势的时候，斜杠青年除了会一时兴奋，同样会产生焦虑。互联网时代是点与点之间的直接交流和展现，只要你这个点足够好，足够有价值，自然会有越来越多的点认可你。而作为一个参与斜杠经济中的自由职业者，也可以更好地追求自身权利，为社会发展做出自己的贡献。

3.3
斜杠经济的财务自由之路

一切经济的本质就是经济利益，通过我们之前所说的副业塑造，斜杠带来的经济收益也是可观的。财务自由不是不工作，而是工作的目的使自己的收入超过购买欲望的阶段。更高层面的财务自由是摆脱了物质层面废除商品拜物教下对自身可能性的探索，可能是兴趣，可能是爱好，可能是理想，因为已经有了非工作的收入来满足自己的生活。

大家都向往财务自由，但首先我们需要明确一下收入来源，以及资产和负债的概念，以及现金流量表对于财务自由的根本作用。资本利得的主动获利模式是指家庭的收入主要来源于主动投资，而不是被动工作，是一种让你无需为生活开销而努力赚钱工作的状态。

此时，你的资产产生的被动收入至少等于或超过你的日常开支，你的投资收入可以覆盖家庭的各项开支，也就是说你可以有更多的选择，提前退休或者干自己喜欢的工作；有更多的时间休闲或是到世界各地旅游。

3.3.1 斜杠经济与财务自由

真正的财务自由是什么呢？那就是生活本身的真谛：诚实地面对自己，

面对那些繁琐的又是你必须驾驭的理财之道，以独立的姿态，宽松的心境，享受一直变化着的生活。金钱是有力量的，你可以有爱情，你的金钱可以让你的爱情更圆满也可以让它扭曲变形。当你对自己的金钱熟知，你的金钱跟你一样具有了自己的品性，你已经完全可以胜任自己的金钱了，你才真正的自由了。

实现财务自由的标准原则：

（1）不必为钱而工作。大部分人的工作都是为了讨生活，即为个人或家庭，为供房、养车，为维持体面的生活而工作。若工作没有了，体面的生活就会变得不体面。大多数人仍在为钱而工作，尽管有时老板脸色难看，也只能忍气吞声。如果你可以不必为钱而工作，而是为兴趣而工作，那么你便在通往财务自由的路上迈出了重要的一步。

（2）保持财产性收入的净现金流入。除了工资收入外，财产性收入是实现财务自由的一个重要指标。财产性收入一般是指个人所拥有的动产（如银行存款、有价证券等）、不动产（如房屋、车辆、土地等）所获得的收入。它包括出让财产使用权所获得的利息、租金、专利收入等，以及财产营运所获得的红利收入、财产增值收益等。

财产性收入有一个重要概念——净现金流入。有的人可能拥有不少房产，但每个月收入的租金还不够支付银行的贷款，此时的现金流是负数。像这样的资产，在你的资产负债表中只能算是一项"净负债"，而不算是真正意义上的资产。因此，保持财产性收入的净现金流入在理财投资中是十分重要的。当一项投资不能给你带来净现金流入的时候，它很可能就是一项"负债"。

（3）增加被动收入。要实现真正的财务自由，就必须增加被动收入，最好是比主动收入多。例如，某人月薪是3万元，没有其他收入，即使每天置身于不友善的同事之中，并且饱受上司的蛮横指责，也无可奈何。为了生活，他不能失去这份工作。如果他有些储蓄和投资，每月的利息和投资收益约1万元，那么除了每年36万元的主动收入之外，他还有一部分被动收入。

如果这些被动收入能够增至每月1.5万元，那么他就不必完全依靠那3万元月薪过日子，即使薪水降至每月1.5万元，生活质量也不会受影响。如果这些被动收入增至每月3万元，那么他就可以有不工作的自由，仅靠被动收入生活。换言之，他获得了财务上的自由。

穷不是因为钱少，而是缺乏金钱概念以及如何理财概念，所以少的不是钱而是思路。为什么必须懂得财务知识？我的答案是为了获得更多的选择机会。

3.3.2 增加你的被动收入

对普通人而言，增加被动收入主要有两种方法。第一，储蓄。储蓄可以增加投资本金，但要增加被动收入，还必须善于投资。第二，投资。具体包括投资股票、房地产、有潜质的公司等。有钱不一定能使人获得自由，但没钱一定不自由。要想实现财务自由，首先要保持一种平和的心态。

收入分为消极收入(Unearned Income)和积极收入(EarnedIncome)。消极收入，也称被动收入（Passive Income）、消极投资所得。如股息、利息、租金、特许权使用费、资本利得等。区别于通过真实营业活动获得的积极收入，美国国税局把收入划分为三种类型，分别是主动收入（即劳动收入）、被动收入、组合收入。

消极收入不需要花费多少时间和精力，也不需要照看，就可以自动获得。乍看上去有点像不劳而获，实际上，在获得被动收入之前，往往需要经过长时间的劳动和积累。被动收入是获得财务自由和提前退休的必要前提。消极收入作为一种获得的收入，是资本增长的结果，或跟负扣税机制有关。被动收入通常属于应税收入。消极收入也成为"睡后"收入，顾名思义，就是睡觉时仍能获得收入，最直观的例子便是房产，不需要用劳务便能获得收入。

投资者很清楚投资的必要性。有时他们进行外部投资，比如股票、基金。通常他们是受过良好教育的聪明人，我们称之为"中产阶级"，投资者非常清楚投资的必要性，他们积极参与自己的投资决策。他们在真正投资之前，会投资于自身教育。不要认为这类投资者会在投资上花大把时间，他们不会这样。尽管如此他们却在房地产、企业、商品，或任何其他出色的投资项目上均有涉猎。而且还采用一种保守的长期策略。

消极收入的例子有哪些？

（1）房产等固定资产：例如，你拥有一套房子，这套房子用来出租，每个月就可以有固定的房租，房租收入就是"被动收入"。

（2）金融利息：其实存款的利息也是"被动收入"，不过银行存款的利息太微薄了。可以考虑通过贷款来获得更高的利息，但贷款有风险，贷出去了，收不回来，血本无归。

（3）资本市场：基金股票和债券等金融产品都可能带来资产性收入。股票不是指"炒股"，炒股需要投入时间和精力，而且有风险。这里指的是长线投资，看准一个质优股，长期持有，通过分红或者长期的增值获利。获利比储蓄多，风险比贷款低。忘掉那些复杂的投资，只做绩效好的股票和共同基金，而且要赶快学会购买封闭式共同基金（封闭式基金(Closed-end Funds)，是指基金发行总额和发行期在设立时已确定，在发行完毕后的规定期限内发行总额固定不变的证券投资基金。

（4）对冲投资：投资到固定基金和各种保本项目保险中，也可以获得稳定的收入。

（5）知识产权：例如写了一本畅销书，多次再版，每次再版都能获得一笔可观的版税。或者一篇文章被很多媒体转载，也可以获得不错的稿费。或者发了一张唱片，被来回购买CD，都是一种知识产权方式。甚至出现了创新性的知识付费项目。

（6）网络、IT：因为兴趣爱好建立了一个博客，不小心成了知名博客，访问量大增，网页上的广告带来了不少的额外收入。网络收入分为广告收入和内容收入。或者出现网络直播带货的个体，都是一种新型尝试。

（7）捐赠：很多小说、影视作品中，总是出现某些人意外获得一笔巨额遗产，这样的情况在现实中应该是极少见的。多数都是获得一些小小的红包、礼品。

我们很多人只是普通人，能力一般、精力一般，若我们想从左侧象限走向右侧象限，基本上意味着我们需要在业余时间花费更多的时间和精力来思考和练习。但是值得注意的是，想做斜杆青年的第一步是把本职工作做好。

"大多数人之所以出现财务问题，主要是因为他们从没学过现金流管理学。他们在学校学到的无非是如何读写、如何开车或游泳，但他们没学过如何管理自己的现金流。缺乏这种能力，他们迟早会遇到财务问题，而后，他们只好拼命工作，坚信只要自己能赚到更多的钱，那些财务问题就会迎刃而解。其实不然，我的富爸爸常说，'如果现金流出现了问题，钱再多也无济于事。'"——罗伯特.清崎。

在我们这个社会，人们往往认同中产阶层的现金流模式。从表面上，有车有房有钱去度假就使你显得很成功，但实际上你是个月光族。一旦停止工作了，这种日子你能维持多久？大多数人的经济状况都处于"红线档"(red line)，就连那些高收入者也不例外。他们银行帐户的钱到帐不久就被划走了。个人理财的黄金定律是"先付给你自己"(pay yourself first)，但大多数人是为了赚钱而不停地工作。

在工业化时代，中产阶层的现金流模式是一种行为规范，但在信息时代，以工资收入作为自己的唯一收入无疑是不理智的。要想夺回自己的时间、掌控自己的金融命运，你的收入就得从能带给你利润的资产中获取。

富有的人会将更多的时间用于投资，因而他们获得了更好的收益。那些在理财方面较为逊色的人总会遇到一些财务问题，而富人却很擅长发现这些问题并帮助前者摆脱困境，从而获得潜在的巨额回报。

3.3.3 税收与实际收入

财务困窘和贫穷是令人焦虑的根本原因，它束缚了人们的智力和情感，使人们无暇思考如何从"老鼠赛跑"中脱困。财务安全没有保障，幸福指数也大打折扣。没有资产获得现金流的人没有明天。所以，斜杠青年想要实现财务自由本身，需要先明确影响收入的要素。

税收和负债是大多数人永远感受不到财务安全或财务自由的两个主要原因。分不清负债和资产，所谓负债是指从你口袋中把钱拿走的东西，资产指可以把钱放回口袋的东西，我们不妨在做个人财务分析的时候也加上一个资产负债表，看下自己目前有哪些负债又拥有哪些资产，一旦你认真关注了自己的财务现状，那么一切将有好转的迹象发生。

实际收入(Real Income)是指当事人从各种来源得到现期、绝对、实际的经济收入，即基本收入、转移性收入和财产性收入之和。基本收入指报酬收入和家庭经营收入；转移性收入指退休金、奖励收入、土地利用补偿收入和其他转移性收入；财产性收入指利息收入、股息收入、租金收入、出让特许权收入、集体财产收入、其他财产收入。斜杠青年参与收入分配过程中，通过获得自己的收入来谋生。

实际收入可以分为原始收入、派生收入和最终收入，原始收入和派生收入共同构成总收入。

1. 总收入:

（1）在国营、合作社和机关等劳动所得收入。包括工资、工资型收入和集体农庄庄员劳动报酬。（2）通过社会消费基金取得的收入。包括养老金、津贴、助学金和为居民服务的社会文化机构的经常性物质消费价值。（3）通过财政信贷系统取得的收入。包括存款利息、保险补偿费、凭汇票和信用卡支取的现金。（4）个人副业收入。包括现金和实物。

2. 最终收入：

（1）用于购买商品的货币收入。（2）为支付教育、卫生、住房等部门经常性物质消耗的价值而取得的收入。（3）从集体农庄、国营农场和个人副业取得的实物收入。（4）实际收入的计算范围：①各类工资、津贴、补贴、奖金及其它收入；②无业人员通过劳动和其它合法途径获得的所有收入。③凡属社会保障范围对象家庭及其成员在大(中)专院校和技校读书或当艺徒的，其生活津贴及勤工俭学所得等收入。④按照《中华人民共和国婚姻法》有关家庭关系的条款规定，接受亲属的赡养费、抚养费。（5）社会救济对象领取的救济金。

信息时代带给我们前所未有的生存压力，同时也带来千载难逢的机遇。斜杠青年应该更加关注自己的事业、控制现金流、用知识规避风险。

主动收入（active income）是指需持续付出劳动才能得到的固定收入。它最大的特点就是必须花费时间和精力去获得。与主动收入相对的是被动收入，主动收入指的薪金所得，被动收入指的是投资所得。美国国税局把收入划分为三种类型，分别是主动收入（即劳动收入）、被动收入、和组合收入。主动收入也称"睡前收入"，"睡前收入"的意思是：你必须主动工作才能有的收入，一睡觉就不会有了。

假设你有一份月薪3000元的工作，去上班才可以获得，停止工作，收入也将停止。但是一旦你失去了时间交换金钱的条件，比如生病、受伤、或者被解雇，收入也将随之失去，生活失去保障，生命受到威胁，这就是"用时间换钱"的陷阱。可见，主动收入无法让你同时拥有金钱和时间，往往是工资越高人越忙，主动收入并不能带给你真正的自由和保障。

获得"睡后收入"成为这些年热议的话题，每个工薪族都渴望实现"睡后收入"却不用做行动，这即愚昧又懒惰。斜杠青年需要做的就是学会其他收入来源的方式方法，进而增加自己的财商和商业实践能力，提高自己对财务自由的概率。改变所处的象限往往意味着体验一种完全不同的生活方式，不仅你要变，你的朋友圈也要变。自由、幸福、快乐的生活，必须建立在稳固而坚实的经济基础之上。

今天，随着社会环境的巨变，给人们带来了更加广泛的自我需求，人们逐渐清晰了解，钱对于维持生计十分重要。储蓄在农业时代是好观念，但进入工业时代，储蓄已经不是明智的选择了。很多斜杠青年的收入方式就是劳动致富，依靠自己的勤奋努力实现自己的收入，"勤劳致富"的诸多案例就是如此。而投入劳动工作才有的报酬不能增值，它是一种不可持续的临时性收入。

从美国抛弃金本位制以后，储蓄成为了非常糟糕的投资。有些储蓄是好事，建议你们在银行里存入可以支付半年到一年的生活开销现金。但是在此之外，有比银行储蓄好得多也安全得多的投资工具。把钱放进银行并收取5%的利息，而让银行获得15%或者更多的利益，这可不是一个明智的投资策略。所以，智慧的斜杠青年要养成投资习惯，培养自己的被动收入模式，让资本自行投入到利润的追逐中。

3.3.4 财务自由的实践方式

作为斜杠青年在做本职工作的时候，就请努力工作，不要在上班时间做与工作无关的事情，这样，你的老板会更加欣赏你、尊重你。下班后，你可以用自己的时间和金钱去做让自己变得富有的事。真正的财务自由是在B（Bussiness）owner象限，别人为你工作，在I（Znvestor）象限，你的钱为你工作，而你可以自由选择是否工作。

如果我们的本职工作都无法做好，或者本职工作都没有达到预期的薪水，那么我们走向财务自由的第一步就是提高自己的本职工作收入，先养一只"鹅"。

本职工作搞定的同时如果你不去思考如何提高右象限的收入那么你也难获得自由，因为你的老板并不能使你富有，他只负责给你发工资。所以，我们都应该学会在左右象限同时工作，在左象限赚取薪水，在右象限开源，慢慢调整两者在你收入中的比例，那么你将有可能走向财务自由。税收和负债是大多数人永远感受不到财务安全或财务自由的两个主要原因。

很多小伙伴分不清负债和资产，所谓负债是指从你口袋中把钱拿走的东西，资产指可以把钱放回口袋的东西，我们不妨在做个人财务分析的时候也加上一个资产负债表，看下自己目前有哪些负债又拥有那些资产，一旦你认真关注了自己的财务现状，那么一切都会有好转的迹象。看这本书让我对财务自由有了更深刻的认识，财务自由不在于你有多少钱，而在于你的被动收入是否可以支付起你的开销，应对经济危机。

我们要走向财务自由的目的不是赚多少钱，也不是一定要成为百万富翁或者企业大老板，而是让自己时间自由，不再为钱而工作，有时间和精力去做那些对自己意义非凡的事。而为什么很多人越努力越出色反而在工作中越辛苦呢，这个问题我近期也得到了答案。一是左象限的收入限制，二是把自己的钱都买了负债而不自知，从而让自己的收入都来应付各种各样的信用卡账单了。

第一种方式：掌握专业技能，靠硬核实力赚钱。

能靠专业技能赚钱的人，一般都是业务能力很强的人。我的一个朋友，他之前在上海的广告公司工作，练就了硬核的视频后期制作水平，私下承接一个视频制作都能拿到五万的报酬，再加上自己一个月两万的工资，就能过上比较舒适的生活。

但是有一个问题，就是靠专业技能做副业的人，一般精力也有限，像我朋友这种能接到单价五万报酬的人，已经算业务骨干级别的人才。但是我们大多数人，都处在五百一单的水平，所以想要轻松做副业，还是需要提高自己的单价水平，要靠质取胜，而不是靠量。

第二种方式：依靠信息聚焦来发展副业。

可能有些朋友不太懂"信息聚焦"是什么意思，举个简单的例子，比如"口红一哥"李佳琦，起初就是靠搜集、筛选各大品牌的口红信息，并在直播中向受众传播有用信息，取得用户信任，以及品牌商的青睐来获得报酬。所以"信息聚焦"就是指信息的搜集、筛选，以及传播、分发。

就比如你是汽车发烧友，但你觉得网络上的信息无法满足你的需求，于是自己来搜集信息向车友传播，并在你的朋友圈中进行介绍点评，告诉他们哪些车可以买，哪些车不可以买。大家觉得你说的话很靠谱，于是社群就被建立起来，并且人数越来越多，这时汽车商家就找到你，希望你在社群介绍一下他们家的汽车，你将获得报酬，这就是一个利用"信息聚焦"开拓副业的过程。

第三种方式：利用上下游资源赚钱。

这个方式对人的社交能力和人脉资源要求比较高，这类人手里往往掌握着上下游资源的信息差，成为赚差价的中间商。举个简单的例子，在音乐厅、演唱会外面的卖黄牛票的人，他们往往掌握了演出票更便宜的渠道，才能面向普通人赚这个差价。当然很多领域都有信息差，就看你如何挖掘和利用，当然违法的事不要去做。

第四种方式：用钱赚钱的副业。

能用钱赚钱的人，主业一般是律师、金融精英，但背地里可能是房产投资人、包工头。大家可能也清楚，单纯靠劳动，其实很难致富，最快的途径还是靠钱生钱，但是这样风险也大。所以能以第四种方式当副业的人，本身具备一定资产。

───────────── 小结 ─────────────

那些由富变穷的人，一是他们目光短浅，没有长远财务规划与目标；二是他们渴望即时回报，按耐不住时间的煎熬；三是他们滥用复利的力量，过度消费。他们对投资的渴望是立竿见影，并固守着快速致富的生活哲学。

在日新月异的信息时代，只有不断完善自我教育与知识更新，才能跟上时代的脚步，与时俱进，使自己能像富人而不是穷人或中产阶级那样思考。

同时，斜杠青年们需要在内心建立起短期与长远的财务计划目标，并愿意为之不懈努力。在实现目标的过程中，坚持每天前进一小步，最终前进一大步，用小步绕过而不是大步越过悬崖，这样会让你走的更加轻松稳健。

CHAPTER

04

第 4 章

斜杠经济的
行业斜杠

如今，越来越多的年轻人，都不再满足于专一职业这种生活方式，而开始通过多重职业，来体验更丰富和更多元化的生活。这就是大家所说的斜杠青年。斜杠青年所代表的是一种全新的人生价值观，它的核心不在于多重收入，也不在于多重身份，而在于多元化的人生。了解了斜杠经济的定义之后，如何能从副业的方法论上进行指导，尤其是从一些常见的会面临职业瓶颈的行业中选择，进而完善自身的职业发展规划，也是斜杠经济中的斜杠青年们最关心的。本书希望能从副业实现的方法论入手，以不连篇累牍的说教方式，达成一个斜杠年轻人群体中时间相对充裕或灵活的白领、宝妈、自媒体人、个体户等受众副业方式的可实操性指导。

如果你可以成为行业内的头部，那么你无须考虑斜杠的问题。专注在你擅长的领域内，获得的收益会更大。但是如果你发现自己所在的行业正在持续下行，而你的技能却处于行业中下游水平。这时候，斜杠就是一种有益的补充了。刚进入职场的新人，应该专注在本职工作上。对于那些刚刚踏入职场的新人来说，如果薪水尚可，不要着急拓展自己的斜杠身份并且急着变现。每一个行业和领域，都值得用2~3年的时间去深入了解和体验。无论是遇到了风口，成为朝阳行业的一员，或者是用5~8年时间成为本行业的专家，都是性价比更优的选择。不管是"斜杠"还是"心无旁骛"，最后看的不还是投入产出比吗？斜杠对于这些人来说，就真的只是一个爱好而已，专注本职工作可以为他们提供更加丰厚的收益。

即使此路不通，在工作中学到的这些经验和技能，很多都是可以迁移的，不管你是斜杠还是全职都能用得上。因此，职场新人应该把更多的精力用在本职工作上。对于个体来说，职业的选择和人生都充满了不确定性。改革开放初期的外企，十几年前的事业单位，这两年的BAT，都曾经或正在是求职者的热门选择。然而，有些本以为自己能够在外企退休的，却忽然发现公司要裁员了；以为从此抓住金饭碗的，发现十年过去了，自己的工资和外面相比毫无竞争力，进退维谷；未来的BAT，会避开这个规律吗？只有时间会给出答案。

当然，想成为斜杠青年也并非易事，这需要你有绝对的实力。斜杠青年都是一群自控力强、经历过长时期的自我投资与积累，并且拥有某种核心竞争力的人。如果你还没有成为斜杠青年，就应该先花时间，让自己成为一个有实力的人。朋友热爱文字，方向明确。如果一时无法找到心爱的工作，就应该先投资自己，打造自己的核心竞争力。

正如弗里德里希·奥古斯特·冯·哈耶克所言："知识分子的真正陷阱是沦入过度专业化与技术化的陷阱，失去了对更广阔的世界的好奇心。"

所以，你也很难预知，最后能够为你创造最大价值的，到底是你目前从事的工作，还是那些你以为这辈子都没有用武之地的技能。艺多不压身，古人诚不欺我。那么，不同行业，如何做到斜杠经济的从业实践，便成为关系斜杠青年切身利益的事。

说起来，媒体广告行业涉及的范围很大，从媒体上说，从传统概念上的报纸、杂志、广播、广电，到现代的网络、媒体、自媒体等，都是媒体的形式。依托于媒体行业的从业人员也有很多。从文案、编辑、美工、媒介、剪辑后期、新媒体运营等都是媒体广告的从业人员。这些传统意义上的乙方公司有着很大的尴尬。从业人员因为行业的关系、工作强度大、工作薪酬低，更需要实现自身的斜杠化，完成自己的创业，实现自己的人生价值。所以本章将结合传媒业和广告业进行分析。

4.1
自媒体创作斜杠副业

现阶段大众传媒的实践方式从报纸、杂志、广播、广电转型成了微博、微信公众号、B站、抖音和各类直播平台。每个人都可以塑造自己的媒体。与此同时，媒体人转型提上议程，诸多的纸媒面临着越来越多的冲击。传统媒体面临着新媒体的挑战。这是个趋势，也是个转型的过程。那么，如何将自己从一个白领或者传统媒体人属性进行转型，斜杠青年可以以虚落实，借助自己媒体人的属性，从而实现。

自己的优势是第一位的，因为这是相对容易的成功和赚钱的方法，这比根据他们自己的兴趣和爱好选择更好。根据兴趣和爱好进行选择是有种"我觉得我能"的错觉。

微信公众号首次推出时，我身边有几个朋友注册了自己的账户。他们刚开始热情地写文章。每篇文章被分享到朋友圈子里，为他们正在做的事情欢呼，但是这种热情很快就消退了。朋友圈很少再看到他们分享文章，点击他们的公众号查看，也没有再更新。看起来想通过写作成为一个大V的副业道路被切断了。文学之路看起来很美，但在运作过程中，用户的利益和市场的需求是公众号运作的关键，这是他们一开始没有注意到的。结果，他们在遇到一点挫折后便撤退投降。

其实有专属职业的人也可以向着斜杠发展，比如说，作为一名自媒体运营者，斜杠化的自媒体人远远比一名纯粹的作家具有更多的发展潜力。就拿编剧行业来说，中国最缺的就是好编剧，每一个作家都有成为编剧的潜力，特别是小说类的作家。B站上赶海界"阿峰、阿雄、阿阳、老四"自媒体都可以塑造成一个赶海天团自媒体矩阵；横店的群演也把自己的日常工作角色扮演进行节目化传输，打造成自身IP，收到很多粉丝的"一键三连"；富士康的厂弟厂妹在下班后的生活状态进行直播，以及快递员和外卖员骑着心爱的摩托车送货，伴随着头盔上晃动的小黄鸭玩具，成为一种生活化的自媒体序列，收获关注的同时带来了一定的经济回报。

而一名作家想要实现斜杠化，除了自身扎实的专业功底，还得有着灵敏的商业嗅觉，以及敢为人先、无所畏惧的行动力。

我们就拿做自媒体来举例子。现在网络盛传自媒体能发家致富，自媒体的市场异常庞大，自媒体的收益很高，很多作者都是月入好几万，比到公司"搬砖"强太多了。可是事实上真的有传言中那么好做吗？很多对自媒体进行大胆尝试的新手作者发现，一天只能赚几毛钱，有的时候甚至是几分钱。这样的自媒体，貌似跟传说中的可以稳赚"睡后收入"的情形大不一样。

其实最根本的原因不过是没有掌握做这件事的方法。工欲善其事，必先利其器。想要做好自媒体，成为别人口中所说的自媒体月入过万的大V，你要么经历漫长的养号煎熬（有不少作者都是熬了2年才摸清楚自媒体的赚收益方法），要么就是拿到绿色通道的令牌——快速了解自媒体的底层算法逻辑，迎合自媒体读者和机器的需求，进而实现自媒体量变到质变的快速转换。

心态的建立非常重要，不要被初期的困难吓倒，一个没有任何权重的新号，想要平台给你足够多持续的流量倾斜是不太现实的，所以你要熬过这个时期，坚信希望在前方。已经有那么多自媒体作者月入过万，那为什么就不能是你，成功的案例那么多，你要相信这条路终会走向光明。不要做语言的巨人、行动的矮子。说的是一大批不能落实行动的人。站在岸上永远学不会游泳，而不下场动手写作，只能是在构建自己的美好梦境，最终是一场空。

这里你需要坚持，持续不断地更文，把你的账号权重拉上去。自媒体平台前期对作者的要求很简单，那就是坚持日更就可以了，可是据我们在自媒体行业的研究总结发现，有90%的人都没有坚持下来，这样即便是有再好的内容，也不容易被平台认可。

4.1.1　斜杠青年自媒体内容积累

长期积累准备的概念是相对而言的。首先我们先了解一下什么是内容创业。内容创业是基于专业化的熟练技能的内容生产输出。首先每个内容创业的人都需要具有自己的排他性的内容生产，并且基于自身的技能形成自己内容的传播最大化，进而增强用户粘性，通过互动或者其他方式进行人脉变现。

第一，内容本身的存在方式有其专业领域。大多的内容塑造本身就是行业细分和内容的阐述。专业化的职业细分产生了很多细节性的专业人员。如从简单的理发，到一个烤鱼的细节性，再到生活上的点点滴滴，哪怕是职业作家的生活日常都可以被内容创业所覆盖。与其说内容创业本身是一种内容的生产，不如说是专业化的一种不可替代性。但这个专业化的本身存在着人格上的依附。比如我只是为了学会修理自行车，才会在有需求的时候去关注。如果变成了纯颜值的吸引，绝大部分的"爱豆"情怀本身就是对现实世界爱慕者的投影。这也是一些网红很容易就能实现自己的容貌套现的原因。但是粘性是否真的有那么大，是每个内容创业者必须考虑的。

第二，内容本身的受众存在差异性。即使是专业化的内容，也无法产生预期的传播。理论上人对于知识的接受程度是有限的，每个人都可能了解笑话，但并不是每个人都了解数学。小众化的领域能否产生较高的内容素材库本身值得怀疑，过于小众的生产模式也面临着运营成本高企的弊端。但不得不承认，高度集中的小众化社交效果其实是最好的。当无法实现有效的沟通时，内容本身并不能转化为有效的服务，一切内容的变现渠道也不可行。

第三，内容的输出形式存在差异性。很多人在注册完一个微信公众账号就说自己是内容输出者。这在内容碎片化的时代也确实是一个实现方式。每个人都有自己的传播方向和传播属性。自身传播渠道的选择是否到位就更需要慎之又慎。并不是每一个渠道都适合传播，而且在和平台的沟通中得保留一份自己的变现价值。当我的个人节目成为平台所属的节目。能否单独列为传播中心线，也会存疑，被雪藏和被平台封杀的故事并不鲜见。而且如何选择自己的初期、中期乃至后期的推广都是一个颇为耗费金钱的事情。在商业社会的今天，时间被赋予了更高的价值。一批报价性质的刷流量、刷用户、刷评论的渠道层出不穷，鱼龙混杂之中，如何找到一个真正符合自己需求的内容生产者，也着实不易。

第四，内容创业的成功本身与内容无关。内容创业的实现方式是内容，但内容的积累毫无疑问是一个专业化、职业化的过程，甚至充满了简单化的工业社会的传播可复制。每个人都有自己的传播属性才能实现内容创业的现在，事实上内容创业就是一个职业积累过程。我举一个极端的例子，你每天定时定点去长安街吃一个雪糕，时间长了也会被关注。但这个吃雪糕和去长安街甚至你本身都没有任何实际意义，职业技能才是你的内容本身。内容创业本身就是中国人创造的一个虚拟概念。在这个信息碎片化、知识多元化的今天，内容本身的价值是否存在引以为疑。

4.1.2 斜杠青年自媒体内容运营

1. 内容生产的多元化

本章讲运营的时候谈到了内容运营，事实上内容的产出是标记你的行业专业性的重要因素，也是因为内容的一贯和连续的传播，才能更好地形成你专业化的斜杠标签。斜杠的专业化内容生产如何实现，这就需要从以下几个角度出发：内容的采集与创作、内容的管理与呈现、内容的传播、内容的定位评估。

开始做内容之前，先要确定内容面对的初始用户，做好自己的人群定位和用户的使用场景设定、商业模式又是什么样的，只有了解自身的定位，才能更好地塑造自己的内容标签，达成自己的斜杠概念。

（1）内容的采集与创作。内容采集创作之前，需要明确内容定位。在之前用户分析的基础上开始推导用户的使用习惯和受众内容，继而从传统的报纸、杂志、广播、广电，再到新媒体微信公众号上的内容、知乎上的内容、其他论坛社区里的内容、KOL产出的内容、自己原创生产的内容进行搜集。

（2）内容的管理与呈现。挑选内容要么是从传播的广度和深度来分析，要么从撰写内容的人的个人价值来分析。如何专业化选取精准内容，这里需要了解一点搜索引擎算法的知识。比如，搜微信的热点和关键词可以从浏览器上获取，比如，一些常用的关键词可以找寻微博的关键热门词条、百度风云榜，等等。转化率和点击率有时候是随机的，我们并不一定能总结出传播的热门性，但一个附带热门话题的引流本身一定是有价值的，从推荐上说，你的文章也会是自带一定的流量。就算是挑选出来的内容，也不适合立即推送给用户，需要在对于用户理解的基础上，做一些标题、排版以及配图上的再加工。

（3）内容的传播。传播的本身就是一个广而告之的过程，如何实现对用户有效传播，自己的媒介渠道的成本费用及预算是多少，能带来多大的产品和品牌的美誉度，都是要有事后的计量。人人和论坛等贴吧形式的宣传渠道在一些大型的公司的告知属性上作用其实不大，绝大部分的功用在于"引经据典"，大数据时代商业化的广告的真实性和可靠性值得商榷。在贴吧形式的渠道找到一些事实上的软文确实会给企业带来一个巨大的美誉度，但是它耗费的时间成本和人力成本巨大，时效性显现得很慢。正是由于这个属性，他们会被广泛地应用在商业炒作和事件的炒作上，以突出事件发生的"随机性"，淡化人为策划设计炒作的效果。

视频网站的优秀传播属性也是基于一定的随机性事件，他们的推广模式是基于热点词和付费的基础上开展的病毒式商业合作。并不是所有的病毒视频效果都能够出彩，按照既往的新华社报道，只有不到万分之一的视频能够自动获得媒体的报道和关注，所以媒体的广告性开始变成商业合作，联合推出事件，造成话题性、引发讨论，继而形成文化现象，再形成互动社群，为企业的品牌宣传画上浓墨重彩的一笔。病毒视频的缺陷在于时间成本巨大、专业性强，没有一个好的策划点和时间点的推出都会使得病毒视频本身不具有传播属性，而且病毒视频具有一个不可逆的争议性，必须存在一个好与坏的对立时才会有话题和争议。这往往就埋下了一个"引爆器"，一旦没有成行的危机公关预案和详尽的媒体资源准备，给公司带来的直接影响可能是毁灭性的。

品牌化IP塑造。现在问题来了，产品成型了，运营经费有了，我的一系列的SEO、SEM竞价做完，用户运营开始组织构架，接下来就需要交给品牌进行布局了。

4.1.3 斜杠青年自媒体炒作技巧

传播媒体，或称"传媒""媒体"或"媒介"，指传播信息资讯的载体，可以是私人机构，也可以是官方机构。传播管道有纸类（新闻纸、杂志）、有声类（电台广播）、视频（电视、电影）还有现代的网络类（电脑视频）。分类其实有多种。1943年美国图书馆协会的《战后公共图书馆的准则》一书中首次使用传播媒体作为术语，已成为各种传播工具的总称。

央视的广告语是："相信品牌的力量"。信息时代，塑造品牌的整个过程，几乎都与媒体相关。传统纸媒面临一个漫长的选题、排版、印刷的过程，而在此期间，新兴媒体凭借其时效性和互动性越发强大，信息的获取方式和生产本身存在多元化、多角度的概念，而在移动互联网时代，媒介不仅是信息也是渠道。纸媒通过发行拥有更多的阅读人群，通过新闻专业团队的操作保证所提供内容的确准性，通过独到的新闻视角和观点扩大自身影响力，最后把广告和新闻打包，在传播中实现收益。

但是，纸媒上的内容并不是只印在纸上，门户网站借助强大的平台力量，几乎是以零成本的方式从纸媒那里攫取宝贵的新闻内容与信息资料，并掠夺更多的读者人群和纸媒赖以为生的广告收入。不得不承认，在网络蚕食纸媒的同时，纸媒用自己的内容资源喂养大了网络新兴媒体，而新媒体正逐渐抢占纸媒的市场份额。

如何在自身发展中合理而且高效地使用媒体资源，一定是厚积薄发之后一个日益明晰的过程。最后，让自己的自媒体始终保持话题曝光度。

那自媒体如何炒作话题，奉上小技巧。

（1）合适的话题。话题可以帮助系统精准地定位你的视频内容，推荐更精准的人群，冷启动阶段效果会更好。那么这个话题内容在哪里呢？其实玩过抖音就会知道，我们发布视频的时候有一个"#话题"，这一点一定要利用起来，我们发布每一条抖音内容的时候都要记得加上去，绝对不能忽视它。

比如，我们做的是穿搭账号，商品推广类的穿搭账号，我们发布内容的时候一定要选择"#穿搭"，系统通过判断你的话题之前，就可以把你添加的这个视频推荐给之前浏览过穿搭话题的人群，因为他们本身就喜欢看穿搭类的内容，所以说这些人群是更加精准的人群，突破了系统对我们视频内容的判断，直接推送给受众人群，就可以用到这个话题了，比如，发布的抖音内容没有合适的话题怎么办呢？我们可以利用当前比较火的热门话题，选择热度比较高的话题，当视频内容没有合适的话题选择时，我们可以选择热门话题，这些话题自带流量，哪怕话题与我们内容不是那么的精准，但因为热门话题流量非常大，也会在前期为我们作品冷启动阶段带来不错的流量。所以这个话题功能，建议大家一定要记住，也一定要利用起来。

（2）流行节日和热度事件。我们中国的节日一年就那么几个比较大的节日，所以我们做抖音内容的时候一定要提前考虑，做好相应的节日卡位。最近有没有比较大的节日，日历上面都有写的，要根据当时的时间去制作一些与节日相关的内容，比如说中秋节这样的全民节日，在抖音上也是非常火的，我们就可以根据中秋节的元素去制作抖音内容，月饼、嫦娥奔月等去制作节日符合度比较高的内容，而且节日内容我们都能够提前知道，在节日之前就要提前准备好，我们在节日发布的这些抖音视频，以便在节日当天或者节日头天提前把我们的内容发布出来，获得不错的流量。

（3）蹭话题流量、蹭爆款和蹭时事类文娱类热门话题，要注意的是蹭热点并不完全等于内容不需要考虑与热门话题的相关性，所以这里我们可以在简介上加一点小心思，从而蹭一下爆款事件的流量。比如，之前的各种地铁快闪事件，这是一个非常火的活动，我们就可以蹭一波热度，比如，我们是做美食账号的，可以在遇到做热门话题的时候加上"美食店里做快闪，啤酒烤串我最炫"；比如我们做穿搭账号的，可以在简介中加上"我这身穿搭，是快闪里面最亮的仔"；比如，做街拍账号的，可以在简介里写"快闪潮流我最爱，美女都在这"。这么一句简介，就轻松地把我们和热点事件串在一起联系起来了，从而获得不错的流量。通过相关度蹭爆款是目前很多自媒体大号都在使用的一个方法，它的获取流量能力非常强，并且吸粉效果也是非常不错的。

───────── 小结 ─────────

　　时至今日，广告主内部的自媒体营销团队，甚至是内部创意团队，以创意热点为代表的新型广告公司，直接与企业广告需求对接的互联网公司，以及被称之为"入侵者"的咨询公司和云计算公司等，使得广告主体不断丰富。这也是对于更广阔、更深远的传播变革、消费变革、渠道变革等变化的一种适应。各类主体扮演其相应的角色，释放其应有的功能与价值。并且，在不远的未来，这种变化还将会继续发展下去。

4.2
年轻宝妈电商直播斜杠

　　2020年最火爆的是直播带货，你看到李佳琦、薇娅、辛巴等主播，连罗永浩都下场做直播带货了。2020年的这次疫情也加速了直播电商的行业发展。

　　直播带货这个行当是从2019年兴起的，2020年是直播电商的井喷期，也是跟疫情有极大的关系。现在直播卖生鲜、卖水果、卖奶粉等在各个地区的直播基地也正在紧锣密鼓的建设。直播电商即直播形式和电商卖货相结合，通过宝妈直播的形式来带货，2019年作为直播电商的元年，甚至带动整个"直播+"经济，直播+电竞、直播+造星、直播+旅游，等等，各行各业都开始引入直播新形式。

　　中国在线直播行业用户规模近五年来一直保持稳步增长，背后的逻辑是乡村基础网络和通讯设备的大幅改善。2019年，VR、AI、5G网络等技术带动在线直播行业发展，"直播+"的产品与内容创新不断显现，特别是以"直播+电商"的模式，让传统电商站到了高速发展的风口。艾媒数据中心曾经的咨询数据显示，2019年中国在线直播行业用户规模已增长至5.04亿人，增长率为10.6%；预计2020年在线直播行业用户规模达5.26亿人。所以我希望你能改变观念，并不用惧怕学习，不要觉得学习麻烦。"活到老学到老"的古训永远不会过时。

因为直播成为电商新出口，众多电商平台和商家纷纷试水网络直播营销。风头正起，一个全新的职业伴随着全新的生活方式：斜杠宝妈出现。

备孕在家的准妈妈们以及在家照看幼儿的新妈妈们，很多妈妈在孩子出生后，选择了做全职妈妈，目的就是多陪伴孩子。可是对于多数工薪家庭来说，宝妈的"歇业"直接影响到家里的生活品质。所以很多宝妈都想利用照顾孩子的空余时间，做点斜杠副业的兼职，实现补贴家用的同时不耽误照顾娃。

最适合全职妈妈做的斜杠工作，不太耗时也容易上手的，莫过于直播带货了。我认为，全职太太做些兼职是好事，不是为了赚钱，而是为了不与社会脱节，为了学点傍身之技。如果有风险意识的人就会明白这个道理。只有赚钱技能和营销思维才是给自己一辈子安全感的东西。

工作之余的斜杠宝妈，或许发现自己在日常生活之余已经无法摆脱直播平台的生活了。从用个线上会议软件进行办公室云开会，到疫情期间师生上网课，再到微信朋友间视频聊天，再到刷到停不下来的抖音与快手，B站博主丰富的vlog生活。各种网红UP主，各种细分行业的直播带货，使得每个活跃在互联网平台上的人都在被视讯包围。但要论最能吸引我们注意力，而且对生活产生巨大影响的还得数当下最火爆的电商直播。宝妈也可以在带娃的间隙时间，找到自己的直播带货的斜杠方向，尝试解锁新的职业方式，获得更多的收入。不忘初心的同时，斜杠的宝妈们可以不用向生活低头。

总结下来就是直播电商适合本身就有电商基因的或者在卖货的朋友，或者做微商的，直播电商会带来更大的客源和机会。但是如果是单枪匹马刚生完娃儿不知道做什么好的，没经验、没经历、没时间、没人脉的女性朋友，那我建议还是从相对简单的淘宝客开始，之后通过自媒体运营流量，再进化之后选点货源做直播电商，这样给自己形成一个学习梯度，也能建立信心，不断进化。

4.2.1 宝妈电商直播斜杠火爆

电商直播的出现也是传统企业危机的一种过渡尝试，本身也是电商行业引入线下市场销售员的斜杠概念。传统的企业在应对出口缩减和内需提升不足的现状下，压缩自己的品牌广告费用，投身到市场营销引导的直接宣传，直接追求销量。在这样的背景下，内容泛娱乐对提升流量、降低获客成本等方面效果突出的直播，成为了传统企业必争的入口。直播电商的斜杠方式可以充分将宝妈的空余时间解放出来，变成可以转化成经济效益的斜杠销售员模式。

各家公司也在不断地测试直播带货，现在主播和做直播运营的人才也是一将难求，各个公司都开出了高价争抢这类人才。所以你可以理解为：在经济内循环的大环境下，电商的未来在直播电商行业。

2020年电商最热的渠道是做直播带货，不管是实体店还是线上网店，用心去做直播带货的商家都从中开辟了新的销售渠道，更有许多做微商的宝妈转型做直播，顾家同时又给自己带来了收益。直播电商正以颠覆式的影响力刷新大众对新消费方式的认知。宝妈群体消费能力强，每个月宝宝的衣服、裤子、纸尿裤、奶粉什么的，要买一大堆。

实际上，直播只是一个在线销售电商形式，它本质是私域流量。电商直播的本质是依靠主播本身的私域流量完成产品的推广和销售。最开始，购物的模式主要是电视购物，主要针对中老年人。再后来，通过图文，高级一点可能会有视频，让你了解某一件产品去挑选、去对比。但是，带货直播完完全全颠覆了以往的购物体验，整个挑选产品、适用体验、效果，都让主播为你现场完成了，所以宝妈本身处于一个经济消费群体中，通过自己的主观感受和客观经验分享育儿心得，相应地将婴儿食品、用品等产品的优缺点给其他的宝妈进行产品推荐，慢慢地群体信任感会更高。

斜杠宝妈直播电商带货，再也不用说生意就做朋友圈那几百个家人、亲戚、同事、朋友的生意了。能够成功摆脱微商产品低质量、高价格，售后服务差等缺陷的同时，在客服物流、仓储等方面进行相应的配套。由于近些年自媒体的不断发展，像以前那种简单搬运即可赚钱的时代已经过去了，现在的自媒体都要求原创拍摄剪辑制作了，红利期不同于过去，直播电商成为一个新的副业探索可能。

与此同时，斜杠宝妈主播在体验的过程中，还会像你逛街时一样替你提前"砍"好价格，让你在观看直播的过程中，享受到更加优惠的价格。斜杠宝妈直播带货主要是靠现场互动，主播和观众就像是好朋友，主播卖东西也像是给朋友推荐好物，更容易提高下单率。可以想象的是，更低的价格、更多的消费体验、更直接的产品感受，比起自己到店购买和传统网购，直播带货的吸引力确确实实大了很多！

现在许多比较火的平台，都愿意接受这些纯原创的照片、视频，如果宝妈文笔不错，配上文字效果会更好。宝妈可以自己申请自媒体号，把孩子成长的趣事、乐事、经验分享给大家，长期坚持去做，不仅可以让更多人认识自己的宝贝，也会为自己带来不少的收益。

现在短视频、直播平台丛生，做主播的确是一个不错的选择。有表演欲的宝妈可以尝试做一个主播，现在直播平台很多，可以表演才艺，也可以直播日常，就是得想好直播的方向。那么总结一下，宝妈能做的网络兼职有哪些呢？

4.2.2 宝妈电商直播与带货

淘宝、京东、拼多多、抖音等各大带货平台纷纷加码直播带货渠道并使平台进行完善与发展，2020年初，罗永浩抖音直播首秀卖出1个多亿的成交额，央视名嘴朱广权联手李佳琦为湖北疯狂带货，引发2亿观看人数。越来越多的平台、MCN机构、品牌方持续入场，使直播电商这个雪球越滚越大，并趋于形成完善成熟的产业链。如果此时加入直播电商，选对平台和方向，不仅免于初期的试错和冷启动期，找对方法可以快速获得红利。

斜杠宝妈主播也开始成为一种职业选择，成为斜杠化兼职选择的一种方式。视频时代，全民都是主播，万物都可直播。正值斜杠经济迅速发展的当代，白领在下班之余进行直播带货也是一种可行的斜杠方式，居家照顾孩子的妈妈们也自然少不了早期嵌入一个相应直播电商领域。

为什么要你选电商直播做副业？

斜杠宝妈直播带货的内容设定也有所不同。首先可以对宝宝的成长过程进行记录，进而出售相关产品。宝宝出生后，宝妈总是希望记录下孩子成长的所有片段，所以很多妈妈喜欢给宝宝不停地拍照、录视频，然后把这些资源上传到朋友圈，和亲友分享孩子成长的快乐。其实这些精彩的瞬间也是可以变现的。比如直播给自己宝宝使用的安全儿童餐具，这些都可以出个链接直接尝试走商家渠道带货。再比如，小朋友爱喝的芝麻糊、杏仁露等婴幼儿食品，就可以联合相应品牌的商家进行商品带货广告。一方面可以从平台打赏本身获得主播奖励金额，另一方面可以通过带货销售的合作费用和出售货物的分成来获得收入。

宝妈由于要带孩子，空闲时间不是很多，且比较碎片化，那么直播带货的方式就比较适合你。其实很多人很容易被当下的处境所困住，但是思维方式却很难改变过来。首先，自己要非常清楚处于现在当下的这种状态是什么原因导致的，归根结底是因为自己的能力方面出的问题，还是自己的思维方式不对，还是执行力不够强。找到原因，才能帮助我们更好地走接下来的路。这意味着我要放弃过去工作环境中的成长来实现财务上更好的保障与自由，也意味着我必须重新面临新角色带来的现实问题。

目前的就业形势不乐观，"宅经济"持续发酵，仅2020年2月，就有100多种传统线下职业转战淘宝直播间：云卖房、云卖车、云餐馆、云门店、云菜场、云超市、云演唱会、云博物馆……淘宝直播上的"云XX"正在爆发。商家自己开淘宝直播卖货同比增长50%。宝妈因为大部分时间待在家中，也属于"宅经济"中的一环。直播电商风口中，淘宝、京东、拼多多、抖音等各大带货平台看好宅经济潜力纷纷加码直播带货渠道的完善与发展。罗永浩直播首秀即卖出1个多亿的成交额，交出一份还不错的成绩单，让部分理想主义者看到希望。越来越多的平台、MCN机构、品牌方持续入场，使直播电商这个雪球越滚越大，并趋于形成完善成熟的产业链。如果此时加入直播电商，选对平台和方向，不仅免于初期的试错和冷启动期，找对方法可以快速获得红利。

为什么直播电商适合宝妈的副业？直播电商整体行业门槛较低，几乎每个人都能找到适合自己的带货产品。目前就业形势不乐观，"宅经济"持续发酵，人人可做人人能做的电商直播是你居家开启副业的第一选择。很多人怀疑自己能不能带货，没有粉丝基础如何开始直播，其实在犹豫的时候你已经错过很多机会了。MCN机构也在积极寻找新的合作机会，认准自身优势，不害怕镜头，多播多试，人人都有爆红的机会。

就致力于新职业人才培养，目前正在全力探索直播电商新模式，除了众所周知的流量池，如何运作私域流量使用户从追随主播进而增加用户粘性，如何降低主播气质和形象对产品的影响，如何发展直播新方式缓解用户审美疲劳，这些都是红呗想要为电商主播们解决的问题。

很多明星也看到直播的新价值，纷纷走进直播间分一杯羹。比如，李湘从2019年4月加入直播卖货开始，现在已经把直播当成了自己的主业；柳岩和王祖蓝也分别在直播上找到了自己的一片小天地。知名度大的明星不断尝试各种直播，为自己开展副业。很多不太出名的明星，更是将直播作为他们的重要收入支柱。

我们现在看到的是，一个明星可能一年也上不了几次热搜榜单。但是，作为头部带货主播的李佳琦却隔三差五登上热搜榜单。其实，李佳琦原本只是一个美妆专柜的店员，后来凭借着直播带货这一市场风口的强势助力，快速成长为流量和商业效应上不输任何一线明星的"顶级流量"，粉丝已经突破了4000万人。李佳琦的直播间，也是经常邀请到各路大牌明星做客。"带货主播+当红明星"的效果直接可见。不管卖什么东西，都是分分钟被售空然后加货。这背后是惊人的收益数据。

4.2.3　斜杠妈妈主播操盘电商直播

有机会并不等同于成功，许多人步入直播电商后才发现：做好直播电商能带来无数流量，但如何做好却很难，尤其是从未接触直播的人。这里给各位宝妈总结了直播带货的一些干货，希望能带你入局直播电商，并尽量解决你的焦虑。

首先，要打造你的宝妈人设。

直播带货，人是其中一个非常重要的元素，也就是主播。只有主播在直播间里不断地互动，才能称得上是直播，否则平台会降权甚至直接关闭直播间。过去提到主播，往往是秀场主播，在直播间展示才艺获得打赏，而电商主播完全不同，他们以带货为目的，在直播间展示商品，促成交易。主播要具备口语表达能力、肢体表现能力以及特殊情况的应变能力，能随时调节现场的气氛和观众互动。

更重要的是有节奏地引导用户去下单购买，这意味着主播对粉丝或直播间的观众要有足够的号召力和信任感。除了才艺和颜值，能不能真正地实现交易才是考验一个电商主播的核心要素。

因此在初期，人设鲜明的主播更容易脱颖而出，要么是幽默搞笑，要么是无厘头，而你需要的是在一众宝妈中找到自己的闪光点，比如婴儿餐的厨艺、给婴儿理发的技巧、安慰孩子哭闹的窍门,等等, 总之一个出色的人设能给用户留下深刻的印象, 随之增长的就是粉丝和粘性。宝妈主播偶尔也需要去户外直播。其中就有两种户外卖货的场景, 产地溯源: 比如水果生鲜一类的商品, 农民现场采摘、主持人现场试吃, 包括现场采访游客, 就会比较有代入感、感染力。这也是产地会把直播卖货加入到丰收节、采摘节的原因之一; 走进工厂: 服装、日用家居、美妆、电器等这些产品, 特别适合做实验室探秘, 走进生产车间、基地。根据场景不同, 直播的讲解方式、流程设计、产品展示以及优惠政策都要随之改变。

首先, 人设也不是异想天开, 不是想打造什么样的就能打造什么样的角色, 一定要和自己的实际情况和产品相结合。比如, 如果你们在销售卖衣服, 那你一定不能连衣服的面料都说不上来, 如果你们在销售美妆产品, 就不能对化妆品、肤质一无所知。作为宝妈的直播电商, 就需要对婴儿的各种知识做好基础认知, 提供符合各类婴幼儿生长发育需求的相关产品, 并做好产品质量的监管和把控, 除了要对产品十分了解, 宝妈作为电商主播对销售能力也有着一定的要求, 并不是你在直播间和大家唠嗑就会有人买你的东西, 你需要展示产品的亮点, 戳到能够让他们购买的点, 这背后需要的是成熟的销售技巧。

其次, 要实现构建电商运营供应链。

相对于上面提到的宝妈主播的人设, 货品持续供应同样重要。

若是大型商家或者平台, 直播运营扮演的角色重要性其实和主播相当。如果细分, 一场直播卖货涉及是多方面的, 比如策划、招商、客服、商品运营以及现场直播运营。简单点来说的就是两部分, 台前和幕后。台前: 直播间的氛围引导, 粉丝互动答疑, 样品试吃、试穿、试用。还有可能没有出镜的助理, 但要随时协助主播拿货、摆放样品、补妆等事宜, 所以这个属于台前的直播运营。

在幕后, 主播直播中的灯光道服化, 商品的上下架、改价、发放优惠券、设置抽奖、赠送礼品、设置库存, 等等。

供应链的选择还需要随时联系合作商家，确认物流、客服、发货、商品临时优惠的调整。好的供应链能让你在保证质量的基础上最大程度地实现盈利。曾经一位只有几百粉丝的主播在直播间销售加厚的羊毛袜，号称一年内穿破退钱，限时售卖1000双，短短时间内就被抢购一空，直播间不到500人观看，他却轻轻松松地在赚了几千块钱，还收获了一批粉丝。

不怕粉丝少，就怕货不好。粉丝在直播间进行购买是基于对主播或账号的信任，如果遇到劣质产品，好不容易积累的粉丝可能只和你做一次交易，并且会损伤账号品牌的信誉度。在保证质量的基础上，商品的价位也非常重要，不同平台、不同类目的用户对价格的接受程度也不一样。比如在快手平台，宠物类的商品均价能达到1500元/单，而美食类的商品最好的销售价格为45元/单。

第三，选好自己的直播场。

直播电商是通过直播的形式进行卖货，但最终目的还是电商，因此如何更好地展现主播和产品也决定了直播间成交的难易程度，不同的直播平台有不同的规则和玩法，在此基础上，直播间场地的设置也异常重要。所以需要选择适合自己的直播电商和相应的电商平台。另外，根据直播间设备和拍短视频的场景不同，直播间的设备要根据具体的产品进行调节，室外直播最好用专业的运动镜头，手机识别不了的细节展现也需考虑专业摄像设备，如大疆无人机或者GoPro，这几乎成为户外主播的标配。从灯光来看，直播间选取偏黄色的光还是偏白的光更利于展现婴幼儿产品，灯光从上方照下来还是侧方更符合需求，都是需要考虑的。直播间的搭建往往决定了用户的第一印象，如果是年轻新妈妈，宽松的睡衣或者育儿服可能会增加个体对自己的信任；如果是销售甜美服装的主播，搭建一个粉色系、挂满了漂亮衣服的直播间更能增加用户停留时长。

第四，要做好数据复盘。

每一场直播结束，不是立刻发货，而是要抓紧时间进行复盘，不论直播结束时间有多晚，还要对直播进行复盘，次日直播计划、资料宣传、官方活动、商务对接等安排。如果直播结束了就休息了，那你的直播间就只会在起跑线徘徊，难有突破。单场直播收入过亿的淘宝头部主播薇娅和李佳琦，每场结束后都会对正常直播的优劣进行梳理，记下可以提高的点，结束后还要进行直播的复盘。

而复盘的过程中，有数据分析、用户运营、调整改进、粉丝的粘性等几个点需要尤其注意。数据分析是至关重要的，甚至还出现了很多辅助分析数据的软件产业。直播结束后一定要进行数据统计和数据分析，和之前的直播数据做横向纵向对比，并找出数据背后代表的具体类目，是直播间停留时长、是转粉率还是其他。

用户运营中老用户的活跃度，是你维护日活的关键。即已关注你的用户在直播间的活跃度在一定程度上决定了这场直播的成交。直播间的转粉率就是进入你直播间观看的新用户，在结束后有多少人转为你的粉丝，即从公域流量到私域流量的转化。粉丝的粘性，归根结底就是信任感，出于信任才会购买直播间的东西，出于信任才会在直播间里和你唠嗑，而你需要思考的，是如何增强这群用户的粘性。

在所有数据分别进行对比后，一定要记下可以改进的地方，在下一次直播时付诸行动。如果想等到第二天或者睡一觉后再调整，可能你已经忘得差不多了，直播结束时的感受永远是最直观、最强烈的。

4.2.4 斜杠宝妈电商直播流量如何获取

现在是流量为王的时代。很多流量艺人和网红根本不需要具有职业技能和教育积累，只要解决流量，就实现了自己的商业价值，并转化成财富。电商直播圈里有一句玩笑话：流量在手，天下我有。这句话有些夸张，但如果没有流量，绝大部分的生意都失去了最强有力的支撑。

无论是眼下大火的短视频，还是以电商为主的淘宝平台，抑或是朋友圈卖货的微商，都离不开一个核心要素——流量。关于流量，这两年有一个大火的新词——私域流量，即能够通过自己运营获取的流量，如何把公域流量转化为私域流量也成了很多想从事电商直播的宝妈需要绞尽脑汁思考的问题。

相比直接推销，私域流量的用户黏性更高，转化率也要高得多。对私域流量的重视程度，快手算是一个，这也在一定程度上解释了为何快手有强有力的带货能力。打开快手的首页，主推的是关注人的动态，往左滑才是发现页面，也就是大家所说的热门，因此每一个账号的内容都有极大可能被用户看见。这就是各大视频平台开启的相关联系推荐，你喜欢看的内容或者类似的视频节目会逐渐在算法中强化权重，使得你的终端变成了一个满足自己偏好的定制终端。

而要想从各个平台获取公域流量，要特别注意：

（1）短视频/直播封面的选择。作为用户第一眼就能注意到的元素，封面对整个视频有着至关重要的作用，在不违规的前提下，优质的封面能获得更多的流量和播放。封面的选择，首先应该和内容相关，其次是视觉冲击力强，或是能引发用户的联想和好奇心。

（2）标题策划。如果封面没有在第一时间抓住用户的注意力，标题这时则充当了完美替补。如何定义一个好的标题？这个问题没有明确的答案，不过我们总结了大批优秀的标题：①在标题里多用疑问或反问句。②结合实事、热点，或是和明星相关的话题。③悬疑猎奇的标题更容易吸引读者。④能够戳到用户的痛点，比如你的用户多是勤俭持家，那省钱这样的字眼一定能抓住他们的眼球。

（3）标签分类。如果你发布内容的平台有标签的选项，记得添加上适合自己的标签。很多用户没有意识到标签的作用，这样一方面会导致流量不精准，增大后续变现的难度，另一方面，平台算法无法判定你的账号属性，即使想给你推荐流量也无从下手。

（4）预告并定点直播。预告的意义在于：让粉丝们提前了解直播内容，不仅高效提升在场粉丝观众的期待值，还增强他们逗留在直播间的耐心。定点直播的意义是什么？就是到了那个点，脑海里就自动弹出了那个人和商品。很多主播都会有一句：每周几点更新。其实就是培养用户的使用习惯。比如之前的暴走大事件、罗辑思维早期的清晨微信都是定点直播的典型案例。而商品品类广，则可以增加粉丝的选择性。

（5）人物多元。宝妈主播说话要稳定有条理，不用过于频繁。说出的内容要是产品的卖点、产品优惠、性价比等重点内容。一些需要解答的问题，适当交给助理去说，避免粉丝觉得主播过于聒噪。成功的主播身后，必定有一群配合默契的工作伙伴。优秀的幕后工作团队能高效减少粉丝间的问题被忽略的情况，让粉丝拥有舒心的购买体验。

（6）分享真实反馈。就像在淘宝买东西，大家都需要参考评论来了解产品的好坏。主播有特别推荐的产品时，一定要提前试用。直播时给予粉丝与观众真实的使用反馈，让消费者更放心购买。

（7）营造稀缺。经济学的基本假定就是资源是稀缺的，人们从心理上愿意为稀缺消费品买单。抢购的感觉让人欲罢不能，看到超市某处站着一堆人在买东西，看到街边某档口人潮涌动，都有一种魔力让人忍不住凑了上去。买什么不重要，那么多人在买，那就是值得买的。直播时，就要创造这种热销氛围，带动观众的从众心理，适当分开几段上架产品数量，先让他们抢完一波，然后再加码，继续抢。既可以控制直播间的销售节奏，也能给观众营造出紧张刺激的抢购氛围。抢购得到的满足感、快乐感是不限购给不了的。

但是，全民都在做的事，未必好赚钱。为什么这么说呢，直播带货大家看到好像只有一个主播在卖货，可背后是强大的供应链和运营团队的支持，李佳琦背后是一支300人的运营团队，李佳琦只是完成带货的临门一脚而已。所以在直播带货这个领域，也是专业人士吃肉，外行看热闹的节奏，宝妈和女性等兼职副业来做直播带货的话，就要慎重一些，不要独立承担所有的卖货工作，而是做好其中的一个小环节，比如主播的环节，直播带货更适合一个团队商家来做。而且直播带货属于一种创业行为。

斜杠宝妈凭借时间的优势，越早投入到直播电商的行列中，就越容易塑造自己的IP价值，形成自己的斜杆业务。网络直播电商平台的不断拓展，本身就是给广大用户和斜杠带货主播们，以商户、用户、主播为核心基础，打造互通共融、全域共享的全民生态商业直播供应链，为区域化、个性化、多元化的视商发展，创造条件。解锁直播电商新模式，助力更快成功转战直播行业。很多新妈妈们担心自己能否带货，面对镜头会怯场，没有粉丝基础直播没人看，这些大多是直播斜杠宝妈成为主播新人的担忧。但互联网上的不同人群定位有其特殊性，宝妈对待孩子的温柔和耐心能够促使她们更好地履行职业主播的策划效果。

4.3
白领职场知识付费创业

在互联网上赚钱的方法非常多。知识付费又称为虚拟产品变现，两者都是通过无形的知识和价值输出，获得收益的方法。既然要通过副业赚钱，那就不建议去找实体产品，它会涉及进货、发货、售后、维护等多个环节，程序复杂，一个人真的难以应付，占用的时间还会非常多。刚入职场的斜杠青年要想做副业赚钱，最重要的是轻资产副业。知识技能服务，实现知识付费便成为职场白领首选的副业实现方式。

线上答题赚100万赏金、悟空问答得红包、看书分享笔记赚钱、写书评1000元/篇，说书稿6000元/篇。似乎只要和知识付费挨上边的都能赚到钱，也确实有很多草根达人一夜暴富。可如何让自己的知识实现知识变现呢？

如果你有相关的技能或者在某个领域非常的擅长，你把你的技能去教给更多的人，或者你只是用视频、文章、语音这样的知识付费产品也是可以的。你可以通过平台像百度传课等类似的方式在线教育培训。直接赚钱当然可以啊，方式方法非常多，关键在于你什么时候开始这样的事情呢？知识服务，就是你有哪方面特长，比如擅长英语、珠心算、写文案、写小说、翻译等。技能服务，就是你擅长什么技能。比如摄影、拍照、制作视频、设计、PS等。

近年来，中国互联网的发展为知识付费提供了重要的发展基础，随着网络视听行业不断发展，知识付费很大程度上也会享受到红利，行业规模将持续扩增。知识付费是一种获得高质量信息服务的手段，提供者通过个人知识或技能转化为知识商品，消费者通过付费交易知识。早期的知识付费体现为教育、咨询、出版等形式，随着移动互联网的发展，知识付费逐渐由终端体系化向移动端碎片化发展，知识付费成为个人通过线上交易分享知识信息来获取收益的传播模式。

4.3.1 职业专项知识付费斜杠

知识付费除了适合职场小白和大学生、宝妈等拿来当副业练手。作为没有资本积累的普通斜杠青年，想要做到"睡后收入"建议先选择一个自己想深入耕耘的领域，让自己专业起来。

随着信息的流通，短视频平台和自媒体平台的快速发展，知识付费传播和学习方便了很多。传播速度也很快，目前有大批的网络KOL或者大V通过知识付费赚得盆满钵满。有人靠分享读书笔记都能赚钱，这实际上就是拆书。现在大部分人都是碎片化学习，很少有人有耐心完完整整地把一本书看完。而如果你正好把这本书看完，并且把书的中心思想和内容拆解到位，让别人看了一目了然，深受启发，那么你就成功了，离知识变现不远矣。

而知识共享付费平台非常多，如喜马拉雅、蜻蜓、荔枝、千聊，等等。

4.3.2 白领短视频配音斜杠

随着短视频的崛起，许多人认为这将是一个风口，所以很多人蜂拥而上去做短视频，但是由于自己能力有限，接触短视频后才发现原来短视频的制作是这么不容易，需要很多专业知识，而你的短视频的配音不好听，会直接让你辛辛苦苦拍的短视频浏览量大打折扣！

因此就诞生出一个职业，短视频配音。

这个职业其实门槛并不高，是职场小白副业的首选从业方式之一。只需要你的普通话标准，咬字清晰，情感有充足的波动即可。你需要做的就是将对方发给你的稿子用普通话念出来。一篇稿子的字数一般为300字左右，需要你制作成一段1-2分钟的录音整理后发送。一条录音的价格为1元-1.5元，如果晚上时间充足，可以挣到40-60元。以下是身边一位女性朋友的兼职经历，虽然挣不到大钱，但是一个月下来还是能把饭钱挣到手，也不失为一种比较理想的兼职和副业。

不知你有没有这个习惯，睡觉前要听一下音频，在朗朗地书声中睡着，或者伴随着郭德纲的相声段子入眠。你的每一次收听，都为创作者增加一份流量。作为刚想尝试副业的斜杠青年，如果你的声音好听，那是最好不过了。如果声音很一般也没关系，可以用声卡辅助。

做个音频创造者，靠粉丝流量赚钱。估计你对这方面很陌生，毕竟喜马拉雅上的有声小说或者网易云音乐上的歌曲专辑和会员等有声产品你可能一直在消费，却还没考虑通过它怎么赚钱。

斜杠青年如何进行有声产品的内容创作？

简洁地概括就是，通过在音频平台上发布个人作品，吸引粉丝关注。当你的粉丝积累到一定规模后，你就可以靠这些粉丝流量赚钱。首先，你要下载几个音频平台。然后注册成创作者，这个很简单。有了个人后台后，你就可以发布作品了。发布作品前，你要确定好今后连载的领域和方向，不要跟杂货店一样，什么种类的音频作品都有，这样不容易吸粉。

比如，可以讲儿童故事，还可以讲个人的领域经验等等，要标明自己的特色，让人一听就知道，你是讲什么领域的。这样就开始了，注册容易、发作品也容易，工作量最大的是怎么吸粉。这里有个特点就是，粉丝都有聚集效应，当你的粉丝越多时，就越吸别人来关注。

前期，对于不想投入的创作者，最普遍的吸粉途径是坚持更新作品。假如你每天发布一段作品，坚持一年就有365篇作品。当你的作品积累到一定程度后，用户收听的频率就倍数增加，从而关注你的概率也倍数增加。这个途径，很多人都坚持不了几天就放弃了，也许是心太急了，想一夜成名，这种方法虽然有可能成功，但是概率却很小。

音频的产品内容怎么赚钱呢？

如果你能坚持进行产出副业创业的音频内容，恭喜你，你已经成功一半了。当你有了初始粉丝后，赚钱的途径就很多了。首先是平台赞赏模式。你可以开通平台赞赏功能，当你的粉丝基数足够大的时候，即使赞赏的概率小于1%，你也可以赚一笔生活费，而且还是直接到你账号的。其次是平台广告收益模式。平台的盈利方式之一是广告收入，当平台在你的作品里插入广告时，这部分的收益是和你分成的，你也享受广告分成收益。收听量决定这部分收益的多少，如果你的作品受欢迎，几十万的收听收益可是不菲的。第三是付费收听。如果你对自己的作品质量非常有信心，可以对部分作品设置付费收听。不过这个比较伤粉，但是永远也阻挡不了喜欢听你作品的那一部分粉丝。这是个知识付费的时代，没有永远免费的午餐，想要更加优质的服务，就要有所付出。这部分收益跟你的优质粉丝数量有关系。或许还有点其他收益，如果你对自己的声音很有信心，可以给其他创作者提供有声化服务，收取佣金。在空闲时间还可以开通声音直播，获取打赏。引流这些粉丝，销售自己的商品，赚取佣金，等等。

不过，音频创作首先需要考虑知识产权侵权的问题。

斜杠青年经营音频内容产出的副业，需要明确所进行创作的音频是否具有版权。你总不能拿一两本正卖得火热的小说出来读，然后进行有声内容的上架售卖，因为有知识产权的音像制品是受著作权保护的。不侵犯他人的权利是商业基础准则，还有个难点就是版权问题，要保证你的作品不能侵权，不能生搬硬套别人的作品，来成就自己的作品。其实，最好的办法就是自己创作。谈点自己的职业发展技巧，聊聊考试和就业上的分享，都会有不同阶段的人来关注你。这也要做好自己音频产品的知识产权保护。

4.3.3 职业白领出售图片的斜杠

众所周知，随着全球市场经济的发展，摄影已成为一种产业，并渗透到了社会的每一个层面和角落，推动着社会生活发生和变化。斜杠化的生活方式使得我们从平面的表述转为立体诉求。这时候图片取代文字成为斜杠化的生活的标配，尤其是手机的拍照功能打破了以往单反垄断的摄影优势，互联网修图工具的普及也使得专业化构图成为现代快节奏社会生活的必须技巧，摄影的技术门槛大幅降低。

全世界每天都有数以亿计的摄影作品产生，职业摄影人占比较高。但这并不阻碍斜杠青年的白领群体进行图片内容的副业创业。职业摄影师和普通爱好者都可以将自己的优秀作品放到图片售卖平台，进行商业渠道的拓展，提升自己拍摄技术的同时，获得资金的激励，从而为社会服务，并产生价值。

图片库是专业的图片产品代理推广销售机构，即图片市场的中介。它与摄影师和图片使用者签约，将摄影师拍摄的照片放在自己的图库中，并将这些照片出租或卖给需要这些照片的企业、广告公司、宣传媒体等客户，并收取相应的费用，与摄影师分成。优秀的图片库摄影师绝不应只拍摄一个种类的图片，而应该对人物、风光、静物等多种拍摄领域都有涉及，并且无论是室内拍摄还是室外都应该是控制光线的好手。

图片库的出现也是因为细分斜杠市场的需要。大部分摄影师没有时间从事图片经营活动，手中的照片越来越多，却不能很好地发挥这些照片的作用。另外，单纯的摄影机构成本过高，导致职业化的摄影不可持续。杂志、报纸、出版社也不可能雇用许多的摄影师来满足自己对于图片的需求，并且针对特定领域的摄影也不会存在大量图片数据的存在方式。

斜杠白领拍摄的照片可以有不同的销售用途，比如画册、楼书、室内装饰画等。摄影作品存入图片库就意味着斜杠青年自己的作品有了更广阔的市场空间。甚至一张图片在一年之内就能被反复销售很多次。图片库会发挥中间商的作用，图片库与图片用户打交道，更了解市场的需要，知道什么类型的图片有销售价值，什么类型的图片能卖出更高的价格。他们会将范围更大的市场信息及时反馈给摄影师，使摄影师能迅速了解更多的市场需求，进行有针对性的拍摄。秉承价值最大化的原则，他们会主动帮你拓展你摄影作品的各种商业变现可能性，主动发挥每张图片的最大价值，产生更多的经济价值。

目前图片库按经营的类型一般可以分为4种：综合商业图片库、新闻图片库、专题图片库以及微利图片库。

综合商业图片库的主要客户是广告公司和媒体等，提供为客户免费找图、配图以及正版图片使用权的代理服务。这类图片库是目前商业图片的主流。综合类图片库各种生活场景的照片都是非常需要的。从柴米油盐到活动资料再到民风建筑，都是常见的图片系统。

新闻图片库的主要客户是报纸、杂志和出版社。图片库主要工作是提供编辑类图片的新闻图片，作为报纸杂志的配图或者是图书中的配图。这类图片每天的用量非常大，所以虽然价格偏低，却也可以为图片库产生不小的效益。

专题图片库只经营某一类图片，针对某一种市场。例如，有的只租售旅游照片，有的只租售植物、动物或自然类的图片，还有的只租售体育类图片。动物专题的图片库包括了全世界各国的飞禽走兽，无论是天上飞的、地上跑的、水里游的，动物图片库里应该应有尽有。

微利图片库是近几年才出现的。微利图片就是低价图片，以远低于市场价格的微利销售，做到正版图片大众化，其供应的图片文件量一般都不是很大。其主要的客户群是创业人士、自由职业者、摄影师、中小型设计公司和网站等。在英语中被称之为一美元图片（one dollar photo），其售价仅是传统图片的十分之几至百分之几。由于没有人力成本，微利图片采用在线交易模式，整个下载和授权流程由图片用户自助完成，操作迅捷、交易透明，既为图片用户节省了预算和时间，也保障了摄影师的版权收益。

在传统商业图片库的体系中，摄影师是商业产品的制造者，图片库是商业产品的销售者，摄影师和图片库的共同愿望就是要把图片销售出去。现代摄影师的图片在售卖的过程中，斜杠摄影师无法像图片库一样面对成千上万的客户，也很少出资建一个在线展示的交易平台，这会耗费大量的时间、金钱和精力。通过图片库白领斜杠摄影师也就省去了从事商业运作的麻烦，集中精力去拍摄图片。

从摄影人的几种赚钱方式来看，只有人们目前不太熟悉的图片库，才是让大多数摄影人最容易实现挣到钱的平台。"摄影穷三代，单反毁一生"是一句摄影人流传甚广的调侃，也是摄影人的真实生活写照。一方面，摄影人都一掷千金地购置器材，追求更高配置。另一方面，大量的照片闲置在每个人的手中，发挥不出效益。但是，每一个摄影人最原始的心态又总希望用自己的照片产生效益，哪怕产生的效益仅仅能贴补购买器材的费用也已经能心满意足了。

图片库进行摄影作品的售卖方法，实际上给斜杠摄影师一个操作引导。

Getty Images是行业的老大，签约最难，摄影师也分为员工摄影师（staff photographer）、自有签约摄影师（house photographer）、合作签约摄影师（moment collection photographer，也就是以前Getty images跟flickr合作时签约的众多摄影师），以及getty images下属微利图片库iStock签约摄影师。

iStockphoto是微利图片库鼻祖，后被getty images收购，目前摄影师管理体系也已经结合在一起。申请方法，同样是下载gontributor by getty images。编辑会根据你样图的质量，决定给你getty images的邀请还是iStockphoto的邀请。

Shutterstock是国际图片库唯一上市公司，总部在纽约。目前图片总数马上过亿，是微利图片库的排头兵。全部内容在中国大陆由海洛创意全权代理。

offset，shutterStock高端品牌，强调真实人物拍摄的真实照片，全中国与之签约的也没有几个，它筛选作品极其严格。基本是国家级别的摄影师才有可能签约。全部内容在中国大陆由海洛创意全权代理。

Stocksy，图库界的一朵"奇葩"，由原iStockphoto创始人建立，采取合作制，即国外常说的co-op形式，全部摄影师可以根据自己的贡献，每年获得分红。这个网站适合有个性、有想法的摄影师。

Fotolia / Adobe Stock，现在已被Adobe收购，内容可以直接在PhotoShop里查找调用，非常方便，也在微利图片库的第一梯队。

站酷海洛，ShutterStock中国区独家合作伙伴，站酷网站 (ZCOOL)旗下微利图片库品牌，产品升级前的正式名字为海洛创意。上线两年以迅猛的速度发展，被友商给予非常高的关注度。内容直接同步ShutterStock全球销售。

SIPA，第一个被中国人收购的国际图片社，SIPA图片社成立于1969年，是世界四大图片社之一，总部设在巴黎。SIPA图片社每天给80多个国家传送8000~10000张图片，拥有在线图片2500万张，档案图片2500万张，共5000万张库存图片。东方IC，被今日头条收购，还有图虫网也于2020年被今日头条收购。

全景，国内图片库的先驱之一，成立于1993年，其最新新闻稿对外宣称拥有一万万名创意大师入驻并宣称进入3.0时代。Getty Images和Corbis Images是1.0时代产物，库内有大量胶片时代照片，拥有300多家顶级创意图片合作伙伴，与Getty Images或者视觉中国集团合作。

汇图网，昵图网的洗白产品，昵图网可以说是国内最大的盗版素材聚集地，不要以为你在上面付了费，买了昵图币就是买了正版素材，一不小心就被告哟。汇图网部分摄影师认为销售也不错，但是其在产品标准上控制较差，很多具有潜在风险的内容仍在销售。

国内还有如下图库，大家也可以关注。

　　壹图网www.1tu.com、邑石网www.yestone.com、锐景创意www.originoo.com。

　　不同网站提供不同的分成比例，Getty Images给摄影师的分成比例根据授权类型、销售地域、产品类型不同，从20%~40%，视觉中国提供25%，全景应该是在40%~50%，海洛创意是30%~50%。这个请大家在申请的时候自己检查，各家都有可能随时调整比例。

　　至于收益，每个图片库平台都有年销售过百万的摄影师。但是，要注意这并不是普遍现象，毕竟中国的内容，也只有在中国好卖，中国的文化也很难输出到外国，如果希望在国际平台销售，在拍摄中国内容的同时，也要关注各个国家。

　　图片库给你提供了一个可以销售图片的新途径，绝大部分摄影师都是爱好者，偶尔收到短信说你的照片被销售出去了，然后可以突然某一天在街角的广告牌，看到自己的照片被某个知名企业使用了，你可以打电话给自己母亲，给自己老婆，给自己女朋友，摄影不是穷三代，我用照片挣钱啦！是不是以后更新器材会更有底气了呢？

　　下面再介绍一些图片库卖图操作方法。

　　图片库的角色相当于在摄影师和需要购买照片的个人、公司和组织之间架设桥梁。他们储备了海量图片，并将其分门别类、注明关键词，客户在选择和付费购买自己所需要的照片之前，可以浏览到相应种类目录下的所有照片。

　　因为图片库中照片的数量巨大、而且可以立即下载使用，所以它们往往是许多照片买家的第一选择，正是如此，它们对任何题材的新照片都有持续性的需求。

4.4
青年程序员斜杠模式

程序员副业刚需从哪个方向发展很重要，首先要做的就是摆脱程序员思维，如果问如何开发一个软件或App，作为程序员可能你比谁都懂，但是如果讲这个软件的价值是什么，判断它的市场份额和需求，也许你就不那么在行了。

曾有一篇报道说是一个程序员老老实实在一个公司上班拿工资，没任何其他第二收入来源。后来自己得了一个病导致不能上班，公司便辞退处理了，最后由于自己没有其他收入来源，导致自己生活过得相当困难。所以，除了现在的工作我们还是需要有一份第二收入来源，这样当我们因为某种情况失去这份工作的时候，能够很好地抵抗这种风险，而不至于陷入困难境地。

作为一名斜杠青年程序员，除了敲代码之外还应该有一些副业。有一份副业的另外一个好处就是让我们的生活可以过得更充实，接触到更多的人，扩展自己的人际关系。什么是副业？副业就是主要事业以外附带经营的事业。程序员大多数是普通人，与其拿着死工资，还不如做些其他工作，顺应时代趋势，做个斜杠青年。

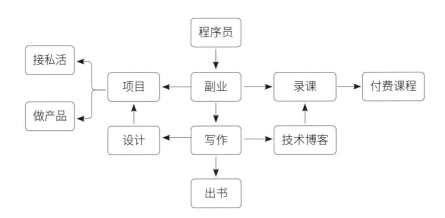

我有位朋友，很早之前他也是一名程序员，同时喜欢写一些编程内容的博客，后来有出版社联系了他，然后出了一本《Qt on Android核心编程》，从此一发不可收拾，几乎每隔两年都会出一本书。后来他又在视频平台录制了视频课程，又有了视频课程的收入，走出这条路之后，他又陆陆续续开辟了一些新路。从2013~2017年，在四年多的时间里，他帮别人做职业规划咨询、讲直播课程、付费语音问答、知乎Live、企业内部培训，等等，构建了一个多元化的副业组合。

所以程序员在具备一定的实力之后，通过副业赚取收入的方式是非常多的。大部分人写代码发不了财，如何提高自己的能力成了当务之急，特别是刚入行的程序员。

4.4.1 程序员写文章斜杠

在知识付费时代，作为斜杠青年程序员都有哪些赚钱的副业可以做呢？

比如，写文章。除了鼓励程序员多读源码，更鼓励积极输出斜杠青年的写作。对于普通人来说，写作几乎是一件零成本的事物。写作赚钱是一个概率性事件，但是它的收益不只是钱。写作是对已有的思想和内容进行记录、整理和输出是对自身知识结构的梳理。

我有位朋友叫董博瀚，他是初级程序员，平时跟着经理锻炼写代码，会去看很多技术博客提高自身能力，会写的项目多了就利用空闲时间开始写文章了，他在InfoQ上投了一篇文章，收到五六百元的稿费，虽比不上录视频课挣得多，但写文章的过程也算是对他日常写代码经验的盘复，就算不投稿自己平时也要简单记录一下，虽然不算太多，但一篇长文的稿费也够买个入门级的机械键盘了。而且在InfoQ平台上发过的文章，你也可以再上传到自己的博客或者微博、微信、简书等支持打赏的平台，这部分收入虽少，但可以赚人气。

他是我通过程序员论坛认识的一个写作爱好者，高中毕业后没上大学，拿着父母给他的最后一笔学费直接去了一家软件培训园，可见他是一个多么敢于冒险的年轻人啊！培训结束后，斜杠青年董博瀚去了中信，刚去就被外派到了内蒙古做软件的外包，当时的补贴还挺高的。

董博瀚的写作生涯起步非常早，2011年就开始在程序员社区上分享一些技术解决方案，但也仅限于此，并没有做更进一步的探索。董博瀚目前在北京工作，月薪刚刚25000元，考虑到生小孩的压力，正准备考个计算机专业研究生。他对我说，自己到了必须做出改变的时候了！

后来他开通了各种知识付费软件，并邀请我作为嘉宾。他说："早在知识星球还叫小密圈的时候，你就让我开通，我担心没有输出的方向，一直不敢开。开通了之后，我往朋友圈一推，竟然有11个人付了费，我感觉非常不错。"他还说："兄弟，咱们一起做吧，毕竟咱们都喜欢写作。我们完全可以在业余时间做一份自己喜欢的副业，来逐渐提高我们的影响力，进而创造出更多的价值！"

看到朋友们都拓展了自己喜欢的副业，我发自内心地替他们感到高兴，毕竟多领域、多维度发展的人才是技术人的未来。我们最常见的公众号就是一个比较好的聚集私域流量的介质。假如做技术垂类的公众号，比如讲Python，最后通过技术、运营做到一定规模，阅读量达到一定数量，那么这些粉丝就是你的流量池，你可以接广告，可以向他们推销各种课程，从中赚取佣金。这也是现在大部分公众号写手赚钱路径之一。再高级一点，网络上有几万个应用，数据统计人们把90%以上的时间，都相对集中在微信、百度、淘宝、京东、拼多多、头条、美团等App上面，如果我们想要建立自己的流量池，需要深度利用这些平台的规则为自己服务。

斜杠青年的程序员，不再害怕在35岁时失业，副业刚需的程序员们也会有自己的春天。

4.4.2　程序技能的其他斜杠

如果斜杠青年的你知识储备和实战技能兼具，有一定的表达能力，各种专做视频教育的小网站都可以去尝试一下。优秀的程序员如果一年能出20个高质量视频，按照视频教学的平均薪资来算，一年可以有5万的额外收入，只利用节日和周末占用的精力少，也可以去找一些自主发行模式的平台，挣的钱比较多。

知识付费的红利期已过，但是做付费课程永远都不迟。K12的教育不会过期，编程界的知识也是日新月异。这是缺点也是优点，掌握第一手信息和熟练已有的技能都是副业的不二之选。如果公司的项目能够带来巨大的利润，那么为什么不可以开发自己的编程知识付费项目呢？小而美的产品，不一定赚的只是零花钱。可以做Python教程分享，一位做运营的朋友曾跟我说过，教程分享类公众号转化率极高，平时投放要重点投放这种号。一般市场价1个阅读量就是1块钱，如果你能做到一篇文章阅读量1万，那基本发一篇文章就能挣1万块钱。既可以做网课，又可以做线下少儿编程培训。现在中小学都被要求学Python，而孩子的钱有多好挣，这不用我多讲了。

企业的技术指导很重要。国内有很多小公司不需要专职的程序员，只有少量工作会涉及，例如：极牛、缘创派以及果壳旗下的在行。当你通过录视频课、写文章赚到了一定的人气后，可以通过技术指导来赚钱，方法更轻松，面对面和咨询人聊几小时不会影响个人时间，做一些技术指导和建议，费用可以从几百到几千元不等。

现在想从事编程的人特别多，市面上有很多培训班良莠不齐，客户端编程火的时候就教Android/IOS编程，智能时代来了就教Python编程，但是大多数都是开班教学，效果不是特别好，而且往往培训班里面教授的课程没有实际项目经验，去面试的时候往往被歧视。针对这样的情况，大厂程序员有时候就会被朋友介绍或者邀请给一些公司做技术辅导，讲一些大厂工作的实际编程经验、实际项目如何运作的，从知识中获得收益。

做个比喻，就像健身房的私教一样，健身房有大班课程也有私教课程，其实做技术培训也一样，培训班往往教得和实际的脱节，所以才有了类似私教的辅导。做技术也是需要人脉的，和我上面提到的流量是一致的，没有广泛的人脉和影响力，谁找你呢？假如你的朋友圈非常广泛，信任度非常高，一传十，十传百的效果立竿见影。这其实就是知识付费的一种类型。

自主开发项目也是一种途径。你可以去观察市场，找寻一些有市场的项目自主开发，然后放到市场上卖掉它；或者是写一些像Wordpress这样易改的基础应用，买方不需要懂很多技术，你的应用换掉代码直接就能生成他想要的应用。其实待开发的蓝海市场还有很多，比如，很火的某抢票网站、微信文章抓取工具，就有大量用户使用，有流量就能稳定变现。肉眼可见地发现，网站多了一个又一个的广告位。

4.4.3 斜杠青年程序员的方法

我的业余时间几乎都在投资学习，Android 发展得尤其迅猛，小程序、RN 的出现也让Android界受到一定冲击，这就意味着需要不断地去学习新的知识，同时也要对自己主打的专业进行深造。

比如，学习Android视频，可以花钱买些视频教程。对于学习和提升，一定要去投资，切记！几年前，我已经是项目组长了，在团队能力算好的，但我还是花了1万多去投资学习，虽然那个时候比较浮躁，但最后还是有收获的。投资自己才是刚工作或者是工作不久的小白最好的副业。

如果你的功力不够，可以去学习些React Native、Gradle语法、小程序之类的，这些都是将来面试的资本。

投资学习就是最有价值的副业，对于已经工作好多年，能力优越的人，可以利用业余时间做一些小项目。如果怕麻烦，不妨接一些小的项目，部分功能或插件。利用两天的休息日写个小项目，也能拿到几千块，这是不错的副业选择，一方面不会有太多的压力，同时也不会影响上班时间。

业余时间理财。利用多余的钱去理财，绝对是提升财富的大好机会。互联网时代选择合适的平台很重要，很重要，很重要。我主要玩的是基金和理财，你呢？

小结

还有最重要的一点，身体最重要。对于打工人来说，你可以没有一个活跃的脾气，但一定要有一个强壮的身体。如果你得经常加班，一定要抽时间去锻炼，例如来个5公里的长跑。作为程序员，大家都是为老板打工，请你不要那么容易满足现状。毕竟程序开发不了一辈子，思考一下你的未来和计划，立即执行才是正道。

总结：你要成为斜杠青年

20世纪80年代末到90年代初，大批年轻人脱离单位体制的约束，抛弃原有职业去寻求新的发展，通过下海、经商、跳槽、出国等方式，掀起了一波具有鲜明时代特质的职业文化浪潮。今天，以斜杠青年为代表的大批复合型人才的出现，使得一种独特的青年职业文化悄然登场。

斜杠青年首先给社会带来的是职业教育观念的更新、人才培养模式的转变和高等教育结构的调整，斜杠职业的大规模衍生和斜杠青年以能换绩、以技取酬、契约协商、职域互动、合作共赢的职业生存状态，传统的劳动关系也从注重外部管理、明确关系边界、强调集体价值向劳动关系的短期阶段化、弹性工作化、能力导向化、身份平等化等趋向转变。

当你面临生活的选择时，是什么让你变成了斜杠青年。首先，你多才多艺，需要有地方安放青春。其次，你本人精力充沛，业余时间还有精力再开职场第二局。

先解释两个名词，多重职业者和斜杠青年。多重职业者是指同时从事多重职业和拥有多重身份的人，而多重职业者自我介绍中会使用斜杠区别不同的工作，例如王思聪：网红/投资人/资深游戏玩家/董事长，人们就习惯用斜杠青年作为多重职业者的代名词。

制度层面的变革，平台+个人模式的兴起

农业时期，生产关系体现在地主和农民，农民为地主打工干活，以获得相应的收入和报酬。这个时代，典型生产者就是农民，生产技能就是男耕女织。

工业时代，生产关系的体现是公司与员工，员工为公司提升收益获得收入，公司依赖员工的剩余价值生存。此时社会发展的重心是经济增长，社会的重心是企业主，核心资源是机器。

现在社会已进入信息技术时代（后工业时代），生产关系正越来越多体现为平台和个人，个人通过平台提供产品或服务，并获取相应的收益。此时大多数的劳动力不再停留在农业和制造业，而是进入服务业，进入金融、餐饮、艺术和信息等各个服务细分领域。

以新闻行业为例，传统的生产方式是由专门的新闻机构进行内容生产，并通过已有的发声渠道（杂志、电视、报刊、门户网站等）传递出去。平台+个人时代的生产方式，是由互联网上的每个人进行内容的生产，每个使用网络的人都是生产者，大家手中都掌握着话语权，传播的媒介就是各大互联网信息发布平台。新闻行业发生的两个变化：生产者由专业人员变成所有能够生产的人；内容和媒介两者进行分离，媒介变成管道。

平台+个人模式下的生命力

平台+个人的背后是企业架构的调整，原有企业金字塔式的管理架构正在发生改变，变得更加扁平化，同时优秀人才出走公司或企业也将形成趋

势。公司更多地是以项目的形式完成生产，员工的参与将更具主动性。

这种模式的生命力来源于三个方面：（1）对于平台来说，更多封闭的平台正在走向开放化，从原先的产销全产业链一体化变身为纯粹的渠道，为提供者和消费者搭建更好的平台。（2）对于优秀人才来说，将有更多的机会，可以利用互联网平台将自己的产品和服务传递到更多消费者，实现个人价值最大化。（3）对于消费者而言，可以通过平台挑选更优质的产品或服务，可选择的产品和服务的量更大。

"平台+个人"孕育多重职业

多重职业并不是最新出现的产物，从人类社会产生分工开始它们便存在了。国外最知名的多重职业者是达·芬奇，不仅是画家、天文学家、建筑师、发明家，还擅长雕刻、音乐，也深晓数学、物理、生物和地质等学科；国内也有张衡，不仅是政治家、天文学家、数学家、发明家，还擅长地理、制图、机械等科学。

原先的多重职业者存在的基本条件是：（1）精通某行业累计资源和人脉；（2）善于依靠已有的资源调动相关、相近行业资源。

我们现在已经进入了一个全面多重职业的时代。Uber、滴滴、Airbnb等互联网平台的兴起，解决了数百万上千万人第二份职业的问题，而更多类似的平台正在兴起。以国内为例，优秀的多重职业平台全品类的有厅客，知识斜杠垂直平台的有今日头条、知乎等，房屋斜杠垂直平台有途家、小猪等，其中厅客是为所有人提供第二份、第三份工作或服务提供出售平台，更多是个性化服务；今日头条是为写作者开放平台和广告变现；途家和小猪是为房屋供给提供开放平台，为其提供交易。

是否人人都可以成为斜杠青年？这是很多年轻人思考的问题，因为他们厌烦一成不变的工作、职场中的论资排辈，想要更自由的工作环境。

职业经理的角色不只是对所拥有的资源进行计划、组织、控制、协调，更关键在于发挥影响力，将下属凝聚成一支有战斗力的团队，激励和指导下属选择最有效的沟通渠道，处理成员之间的冲突，帮助下属提升能力。这是职业经理十分重要的角色。

一项国际调查表明：员工的工作能力70%是通过上司的训练后得到的，也就是说70%与你有关。如果下属的能力没有提升，这是上司的失职。或许这也正是部门经常不能很好地实现目标的原因。

多重身份、斜杠青年是趋势，符合当代年轻人对于多元化自我价值的需要，但又要跳出那些标签做自己最擅长的事情，把握核心，万变不离其宗。

斜杠青年获取被动收入

斜杠青年、副业刚需在如今都不是什么新鲜事情了，为什么这么多人都成了斜杠青年？

多重职业现象不是一种个别的现象，而是一种群体现象，或如迪尔凯姆所说的"集体现象"①。在时间固定的情况下，斜杠青年需要完成不同工种的任务，对于他们来说时间和精力的分配是个严峻的考验。如果陷入类似的困惑当中，斜杠青年应及时思考有没有调整的办法。

不同的斜杠代表着不同的活动领域和活动范围，每增加一个斜杠意味着人的精力更加分散一些，这样就很难保证在每件事上都做到专业化。这就要求斜杠青年对自我进行准确定位，了解自身的优势和劣势，寻找与个人特质相匹配的职业发展道路，避免在拓展新职业过程中的随意性。

从需求和供给的角度来思考这个问题。

需求端来看，随着经济收入水平的提高，城市青年对于生活的追求早已突破了马斯洛需求的底端，对于精神、兴趣、文化的追求越来越高，这样也就催生了精神、兴趣、文化等领域的繁荣，我把这个称之为"生活方式领域的繁荣"。

---

① 埃米尔·迪尔凯姆.社会学研究的规则［M］.北京：华夏出版社，1999：9.

接下来，再说说供给端。新一代年轻人，面临的生活压力更大，日益膨胀的精神追求与空空如也的钱包的矛盾不可调和，生活的重担压弯了单杠青年们的脊梁，自然成就了斜杠青年这一新兴群体。

如果一份时间只能卖一份价钱，那么副业千万不要碰，因为你很值钱；第二就是如果不能成为被动收入，那么这份副业，也千万不要碰，你只会给别人做嫁衣。互联网上的副业、兼职，太多了，很多人都是应急性地去操作副业、兼职；最后就是主动收入，做了有钱，不做就没有钱，真正地耽误了自己一生中最重要的宝贵时间。

想要成为斜杠青年你必须要了解两个知识：被动收入、商业模式。

什么是被动收入？换句话说，是你的"睡后收入"，你一天什么都不做，能获得的收入有多少呢，这才是判断你收入结构合理性的重要因素。比如你有一套房子，每个月带来房租，房租就是被动收入。那么房子怎么来？你需要一点点地盖起来，那么房子盖好了怎么租出去？

这里就有另外一个词"商业模式"房子怎么租出去？租给谁？怎么赚更多的钱？是精装修还是普通装修？只有你理解了，才能打造出真正属于自己的被动收入体系，成为真正的斜杠青年。

斜杠青年的定义框架

不要盲目地发展斜杠，从过往的经历中挖掘技能。对于斜杠的选择，更多的斜杠标签是青年人基于"重新学习一门技能"，而不是"深挖掘自己喜欢的兴趣爱好"。因此，无论是重新给自己包装定位，找到新的适用领域和行业，还是拆解自己的各项能力，找到细分市场的发展潜力，都是比"重新开发一门技能"更加靠谱和具有可操作意义的。

如何界定斜杠青年，是能否成为斜杠青年的重要因素。现在无论从社会认知中还是学术研究中，都比较少谈及斜杠经济和斜杠青年的框架性定义。更多地是阐述文化现象和经济现象本身。其实，斜杠青年的斜杠是否是副业，是否是自由职业，是否是打零工，还是说斜杠经济的参与者本身可以理解为个体户，都影响到大家对于斜杠经济和斜杠青年的直观判断。

兼职/副业/斜杠青年/自由职业/一人公司

上边这些概念跟斜杠经济现象经常同时出现，那么如何清晰划分，阐述个体区别成为搭建斜杠经济框架的重要内核。

首先，兼职/副业：主要以挣钱为目的，都是主业之外的工作。编剧兼职写小说，演员兼职当模特，这种只是一种副业的形态。

斜杠：主要以兴趣爱好/自我实现为目的，在主业之余，围绕自身核心能力开展的多重职业身份。这种就很多了，比如，浙江大学明星教授郑强本身是理工科大咖，但他在音乐方面也是颇有天赋，唱歌也是专业的，那我们可以把他的唱歌这一项，认为是他的斜杠。

自由职业：也叫Freelancer，指独立作业的经营者，为自己工作，不受雇于某一固定的雇主。自由职业者我们就太多见了，各式各样的零工经济的研究，很多划分为斜杠之中，但是他们忽略了一个兴趣爱好以及是否可以脱离职业而生活的状态。自由职业者本身的自由职业就是他们的主业，他们从事的自由职业本身也是他们所专业的职业领域，只不过这种职业技能要求以自由职业的形态出现罢了。

一人公司（OneBiz）：这是种新的形态，比自由职业更讲究的是个人能力的重塑，讲究自己有一套科学的商业逻辑、赚钱模式。一个人就是一家公司，与其他公司或平台合作，自己是自己公司的CEO、CMO、CFO……前文提到过的谷歌开创的小微团队形式，以及海尔的小微企业形式，甚至我们常见到的一人传媒公司、个体零售经营者，都是一人公司的形式。他们买零售百货的同时可能摆个游戏机，可能代收个快递，顺便开个煎饼铺或者奶茶店，都是一种一人公司形式，本质上不算斜杠。

我相信在未来，商业公司会逐渐被平台加个人渗透；部分企业内的工作将由斜杠青年、一人公司替代。对于绝大多数斜杠青年来说，职业的多重性可确保其不至于会向下流动，且对职业资源的占有份额会越来越大，但他们仍处于离职层非常相近的流动状态。

若只是图个开心自娱自乐，充其量只能算作个人爱好，与职业发展无关，这就不是有意义的斜杠。在我们职业发展初始阶段，如果你渴望有更好的职业成长，尽可能只做有意义的斜杠青年，把爱好本身发展成一种实现自身价值的职业本身。有意义的斜杠青年才是真斜杠。摆脱了职业束缚和身份捆绑之后的斜杠青年，聚合起积极向上的职业动能和自信豪迈的前程憧憬。

斜杠青年职业伦理

在人们认为自由市场经济制度最完善的美国，企业在商品市场也必须秉持诚信。当今许多发展中国家正处于逐步建立和完善市场机制的转轨中，包括职业道德在内的信用机制的重建构成其重要内容。

在这样的经济中，人们之间极低的信任度使交易难于达成，职业道德对经济效率的影响表现得更为突出。职业道德引入人力资本的内涵，无疑会使人力资本概念在解释发展中国家的经济增长和发展绩效时更为全面和有力。

斜杠青年的职业活动越来越强调灵活多变的行为和工作风格，这可能会带来成功，但也会不可避免地导致混乱和伤害。这是因为，现代社会对于从业者的期望是灵活审慎、适应性强、能够流动、愿担风险，这就与立场忠诚、目标长远、坚守承诺、为人可托、意向明确等职业素养相抵触。

弹性时代和弹性职业或许可以为斜杠青年带来宽松和自由，也可以塑造其个性化生活的鲜亮轨迹，但职业工作的流动性、多种职业任务的任意转手、不同职业团队的随意切换，就与恪守某种终生职业生涯的职业伦理相悖。

斜杠青年的多重职业身份可能会使其职业生涯的长期目标与规划受到逐步侵蚀，社会纽带难以培养，社会信任关系也难以建立起来。所以斜杠青年在职业切换中遵从职业伦理规范，就显得尤为重要。斜杠青年们应该从职业道德上自我设问：我怎么才能不断突破自己的瓶颈？最大化实现自己对他人的价值贡献？受众可以是社会中确实存在需求的消费者，可以是你的上级领导，可以是你的平级同事，也可以是你的下属等。

仍应该经常思考自己的能力、性格、社会资源等各方面条件随着我的职业积累有没有发生变化？是否需要微调自己的职业规划？是否考虑调整自己的职业发展模型？比如，当技术型路线发展遇到瓶颈时，在"杠杆"上，是否现阶段适合遵循木桶原理开始加强自己的某一个短板？

当斜杠青年的职业素养好、雇主的管理能力和管理成熟度较好，双方培养出了信任机制，这种现象可能成为一种流行趋势。敖成兵老师对斜杠青年职业伦理也有自己的看法。

首先，斜杠青年要恪守一定的职业忠诚度。职业忠诚作为从业人员忠实于服务对象并对自己的委托人认真担负职责、以寻求实现职责的最优效果的强烈态度和意向，内含了一种契约化承诺和相互依存关系。斜杠青年要想在职业活动中赢得信赖和授权，既要注重短期职业目标的实现和长远生活目标的规划，也要优先考虑履行职责，忠诚于团队和组织的目标，这样才能做一个值得托付的斜杠人。

其次，斜杠青年要恪守职业规范和要求。每种独立的职业都有自己的职业伦理规范，它不仅维系着职业阶层内部的道德水准，而且关系到本职业在社会公众生活中的声誉和地位。现实中工具理性的泛滥、技能至上的喧嚣，以及实用主义、功利主义、享乐主义、拜金主义的恣肆蔓延，导致一些职业青年在利益的驱使下，往往忽略甚至忘记了职业活动中的伦理规范和道德准则。

比如同为斜杠青年的网络主播，在跨行业的"点对面""一对多"式演播中，可能会将"庸俗、低俗、媚俗"的内容引致直播平台，甚至会用赤裸裸的性诱惑和性暗示等手段来攫取受众的注意力以获取不当利益，这就违背了直播中的道德伦理要求，也触犯相关的法律规定。作为新时代职场的领军者，斜杠青年只有恪守职业精神，坚守职业忠诚，保持职业自尊、自爱、自强、自立等良好品质，才能将斜杠职业文化发扬光大。

———————————— 小结 ————————————

　　斜杠经济不仅仅是一种文化现象，更多的是一种经济实践方式。斜杠青年参与斜杠的本质与兼职/副业/自由职业/一人公司等形式有本质区别，只有满足斜杠青年自我发展的，符合斜杠青年兴趣爱好的职业选择才可以被称为斜杠职业。另外，社会对斜杠青年的要求并不仅仅局限于专业化的职业技能本身，还要求斜杠青年具备完善的职业素养和职业伦理，每件事尽职尽责是一种职业习惯，也是职场的基本要求。不论是狭义的斜杠青年还是广义的斜杠青年，不论斜杠青年成为趋势符合大众，还是昙花一现的小众化产物，能获得实实在在的、可持续的个人职业成长才是硬道理！

写在最后

  首先感谢我的经济学授业恩师李祖繁先生，以及政治经济学硕导陈江波教授。经济学可以分析微观个体的经济行为，从而在机会成本的比较中选出最适合的方案。这也可以应用于职业和副业的选择上。在此以浅薄的经济学范式给大家一个方便与自己职业定位及职业规划的部分方法论解读的职业选择和财商类书籍。

  感谢父母养育我成长。每个人的理想和目标都是有区别的。我从小的理想是更好地了解金融资本，所以在职业发展的过程中也一直不断学习经济学的相关理论与实践课程。

  苦于学习方式和专业水平尚未成熟，为了求学经济理论还曾经拜访过张五常先生、北京大学苏剑教授、中国人民大学刘伟、杨瑞龙等教授、中央党校周天勇教授、中央财经大学郭田勇、刘钧、顾炜宇教授、北京理工大学逄金辉教授、北京外国语大学牛华勇教授、对外经贸大学廉思教授、中国传媒大学戴建华、周亭等经济学者。也与陈志武、王曙光、孙晓程等经济学家交流经济学理论实践与相关发展经济学学术观点。这本书其实是慢慢积累证券、基金、银行业知识的过程，也是不断学习商业管理和职业选择中摸索出来的经验。华东政法大学高奇琦、阙天舒教授是我学术道本上的重要引路人，人生之路自然需要不断的历练和反思，我也是在这个过程学习政治学、法学方面的基础知识，从而构建了自己的知识体系和逻辑方式。我会速读，小时候会因为读书专心，根本感知不到外界事物的存在。压力和速读是提升学习效率的过程，希望本书能够给大家带来帮助。

在我的证券和金融方面的学习中，感谢一直以来帮助和支持我的晓雨闻铃(徐晓宇)老师，也感谢徐晓峰、凯恩斯、朱雁峰、张国庆、潘翔，感谢苏建军及环球财经的朋友，感谢财经杂志陆玲，感谢蓝鲸传媒刘锡森等朋友，感谢光明日报袁明松等朋友们。

财经方面的所有方式是有其定向的，经济学的基本假设是理性人和资源是稀缺的。所以无论做任何事情都要考虑它的时间成本，要把时间聚焦到适当的目的性上。

在我来到北京的时候，在自己的职业规划和财经方面的选择过程中，得到了中国新闻周刊总主笔肖峰兄的指点和支持，在此表达感激。每一个职业的发展和转折都是有其局限性的。正如，我这本书阐释关于斜杠青年的概念，基于分工和明确的产品职业定性，才有了更加专业化的一个职业塑造。没有自身的专业化就没有传统概念上的商业价值。我曾经写了7年左右的小说，也有若干小说文稿因为种种的原因尚未出版。之后苦学评论3年，从经济学的角度进行分析解读，如果没有这段时间的文字积累，自己也不会成为现在的财经评论员。当然，也感谢在此过程中帮助过我的在经济日报工作的韩鹏。每次遇到挫折和困难，他都会给我一些指点方法，尤其是在台球斯诺克方面。齐俊杰是我见到过的最年轻最有才气的人，也感谢他帮我介绍认识了百度的朋友，让我成为百度百家签约一员。 以及经济日报的陈颖女士、姜帆女士。

创业唯艰，在北京自己闯荡，自然少不了上当受骗。我也曾经创过业，带着团队19个人策划了蓝翔的"挖掘机技术哪家强"，以及崂山白花蛇草水的"中国最难喝饮料"等事件营销。但时运不济以及商业经验欠佳，以至于很多次该拿的钱没有拿到，现金流断裂，自己一个人咬牙还负债，累到进了朝阳医院的ICU，一度沉寂。拥有创投公司的谭术镇老哥曾想直接给我钱让我渡过难关，但我拒绝了，这是对投资人的不负责任。也是从这时认识了

《创业真经》的作者况秀猛先生。生命不息，奋斗不止。也感谢当时广告公司的合伙人彭斌兄弟。有时候想想，在很多吹嘘和浮夸中，自己一点点熬过来，也算是正能量了。最强大脑的林建东跟我说："天道酬勤，德不孤必有邻。"尤其要感谢郭晶晶女士和李萍女士在此期间给予的支持和帮助。

点滴的积累是成就任何事情的基础。我本人并不聪明，但相信勤能补拙。为了通过证券及基金的各种从业资格，北京、上海、南京、合肥、昆明、杭州、济南、西安，青岛都去考过试。为了投资顾问的从业资格将金融学硕士的课程读了一遍。专业化和职业化，要求具有相关的专业和职业素养。在懂得一定金融领域的知识基础上，你才能够具备点评一些财经事件和分析经济环境的能力。工欲善其事必先利其器，有了这些基础，写的财经和产经类文章也就慢慢受到了一些媒体朋友的关注。从《中国产经新闻》邵志媛姑娘的多次产经采访，到中国日报《21世纪报》赵芳雪的斜杠青年采访，到淄博人民广播电台的艾华姐的栏目采访，到北京电视台《一周财经综述》的节目嘉宾，到许凯兄约稿在国际金融报的财经评论文章，到陈莉女士的《新京报》约稿、俞明辉兄《新理财》杂志收稿，等等，都是一个奋斗的过程。庄子的《逍遥游》有云："且夫水之积也不厚，则其负大舟也无力。覆杯水于坳堂之上，则芥为之舟，置杯焉则胶，水浅而舟大也。风之积也不厚，则其负大翼也无力。故九万里，则风斯在下矣，而后乃今培风。"正是这个道理。

财务和财商的知识面学习是一个痛苦的经历。我尝试将它用最简单最通俗的学术化语言表述出来，但这个过程，伴随着一些行业的理解，也有所偏差。所以在这个过程中，最后的几章是金融和财会方面的知识铺垫，是本文的重中之重，但理解方面会比较困难，希望大家在学习过程中能够克服一些常见的知识壁垒，实现自己逻辑的一个知识体系的突破。

所以这本书上的斜杠的概念是一个专业化的概念。俗话说，不会走就想跑，没有根基想成事，是天方夜谭。只有在自己的行业和领域掌握了足够的经验基础，你才能脱颖而出，成为一个行业的佼佼者。而成为行业精英是斜杠的最基本概念。成为专业化的行业精英之后你的时间就有了价值。你可以从一些其他的职业或者行业入手，对自己的人生价值塑造。实现价值的过程是一个专业化和职业化相关的博弈，是一种从经济现象到社会现象的过程。

这本书的写作初期是机缘巧合之下接受了中国日报旗下的英文报纸的采访，被知乎和有道云收录。这次采访的过程中，我把一些没有回答到的点综合整理了一下，写了一篇斜杠青年分析文章。这一篇综合性的分析文章成为整个行业和领域国内国外最全的文字介绍。之后又接受了妇联旗下《woman of china》的采访，萌生了撰写一本有关斜杠青年和青年财商教育的书籍的想法，这也是这本书的最初撰写理念。在此特别感谢曾经帮助此书出版的张增强先生，以及推荐我认识的刘涛老哥，也感谢阅想时代的小林兄。这也是我自身的一个成长过程，希望大家能够在这本书中获得自己想要了解到的知识和学习方式上的提升。

报纸杂志广播广电在传统媒体的标签下受到了新媒体，包括整个传媒市场的冲击。很多从业人员，都已经改变了自己原本的职业定位。我做过杂志，也做过一些栏目的编剧和策划，正是这个媒体人的积累过程使得自己认识了很多媒体和财经圈的朋友。感谢经济学家黄生、凯恩斯、黄人天、余丰慧、周其伦、张国庆等朋友给本书的支持与帮助，也感谢中国新闻周刊总主笔肖峰先生、北大商业评论总编辑鲍迪克先生、著名经济学家齐俊杰先生，以及西班牙侨声报戴华东、日本新民侨报蒋丰、美国亚盛时报甄凯婴等诸位社长的支持，更要感谢人民日报赵光菊女士、共青团中央未来网总编辑万兴亚、巩帅等支持。

本书的撰写过程中，我的徒弟们在素材的搜集方面给了很大的帮助，尤其是徒弟费扬（项福华）陪我熬了好几个月的案例方面的内容搜集。也感谢香港中文大学经济学毕业的小徒周萌萌的经济学内容搜集，以及徒弟澜珊、小米、青木藤、莲心、张俊海、不二、余明静等这么长时间以来的支持和陪伴。在出版之前也经过张增强先生、林艳红、邬迪、戴思齐、张萧月、何小兰、吕梦琪、于晓阳、孔韬循、卫曼娜、冷基岩、张金霞等编辑朋友提出修

改方案及意见，在此深表感谢。传媒出版这条道路漫长且痛苦，还有这么多人负重前行并为之奋斗，也是更多理想支撑下的信念。

郑重感谢本书的编辑——张琦女士。并感谢经济日报出版社张兴军先生的支持与帮助。

熬过生活的压力，每个人的梦想都会如雨后春笋般破土而生。人生都值得被尊重，但行好事，莫问前程。感恩诸位读者，希望能够通过此书加深您对斜杠经济的理解，以实现您的副业选择和财务自由的探索，进而开始追求自身的人生职业价值。

斜杠人生

/

后记

/

　　斜杠经济成为一个越来越熟知的概念，这源于职业化发展的现代社会职业分工。越来越多的工人摆脱了机械化生产的简单劳动，职业被细分，出现新的社会职业形态。当职业分工形成的熟练技能变成社会竞争中的优势存在，那么生产方式也会跟随着改变。体现在日常生活中，就是人们更愿意为某一领域内更权威和更资深的职业专家付费。

　　斜杠经济是一种新的生产方式，原有的单一职业和行业的从业方式也会出现，新的变化：比如随着人工智能技术下的语音转文字的系统的问世直接将速记员这样的行业淘汰；语音在线翻译工具的普及也使得语言翻译的职业面临前所未有的挑战，接下来自动驾驶技术也会挤压出租车司机的岗位；机器人导购员会对线下的导购服务员造成较大冲击；甚至自动化下沉到餐饮行业，不同菜系的炒菜机器人逐步问世，甚至拉面机器人和刀削面机器人也开始出现在楼下的面馆，解放了很多人的繁杂劳动的同时也挤占了很多人的就业岗位。

　　当多样化的互联网应用变更了社会参与的职业形态，不同于以往线下商业沟通的线上电商平台也搭建出全新的商业场景和基于线上生态的全新职业。新职业与传统职业产生强烈对比，进而改变了我们的消费和社交结构，使我们不同个体间产生了一系列不同的职业和标签属性。

斜杠经济源于生产制度的改变。马克思说过，人要追求全面发展，经济基础决定上层建筑。在社会主义市场经济形态下，劳动者实现个人劳动力的解放，在面对不同发展技能的劳动者智力、体力、偏好、受教育能力等天然的和后天的差异，每个市场经济中参与职业选择的劳动者都要作为自由人，探求自身经济利益和社会价值的最大化。斜杠经济的副业探索是俱有先天优势的个人职业尝试，又是后天职业选择职业技能的不断探索。求职就业和职业教育的建立以及专业职场认知的缔造，更多地是反映新时代职场人士面临的社会竞争力，在内卷压力下的尝试。斜杠经济的本质是人的自我实现。

主业和副业的选择本身，一方面是通货膨胀带来的相对收入下降、对应的购买力减少和生活质量下降，另一方面从职场内卷的竞争来看，"996"基本成为北上广深等城市地区以及互联网和金融等工种的职场人的工时标配。"逃离北上广"的呼声伴随各种商业实现的新渠道探索之路，都在追求者理想中的财务自由中独立。这时候职场人面前出现两条路：自主创业和副业刚需。

副业刚需成为最近几年的热门词汇，各类兼职和代购变成了副业刚需背景下不断被社交媒体轰炸的信息，不断充斥着我们的日常朋友圈和各种群。日渐焦虑的我们，如何能从繁重的工作状态脱身到财务上的相对宽裕，变成了中年人的"不得已之抉择"。副业刚需是一种追求财务自由的方式，催动我们不断进行自我财商教育的同时创新收入来源方式和收入来源形式，实现自己的副业刚需。以往一翻开经济学类的书籍，大家都是从财商教育的角度来积极索取知识，如何省时省力获得更多金钱，这显然不务实。在斜杠经济上，很多人想要的是"教你如何发展副业"一类的内容书：列举一些比较成功的斜杠青年，他们都从事些什么副业？这些副业能为自己增添多少收入？

需要做哪些准备？修炼什么技能？如何平衡主业、副业的时间？相对而言更贴合实际，简单易学。

斜杠经济缓解财务压力，阅读这类书与你想要的解锁财富密码的书籍存在不同。在众多职业跨界的书籍作品中，很多文学家和哲学家只会给你灌"鸡汤"，却避而不提职业跨界方法论的原因有很多种，最可能的一种是没学过一天经济学知识，瞎蒙都写不出来，硬贴出些民间通俗流行的阴谋论货币小说当理财圣经。

与这些内容相比，笔者是经济学专业毕业，并在证券市场和基金行业从业多年，恰恰急您之所急给出斜杠经济解读，更多地从学理上进行斜杠经济的现象总结，并且直接从收入来源、收入分配方式、社会主义市场经济的合法盈利方式进行阐述，并辅以各种有趣的案例和可实操的财商教育小妙招。

在此，我们很荣幸地用标签来阐释一种生活方式，我们把热爱这种斜杠经济生活以及追求更大的自由生活精彩度的人生追求者，定义为：斜杠青年。

斜杠青年其实只是一个简单化的职业标签。比如你的各种标签属性，经济学学生 / 网球教练 / 王者荣耀玩家 / 天蝎座星座控 / 高级经济师 / 司徒正襟的粉丝。这里面的每一个斜杠是一个身份的认知和定义。当然，这个身份的定义是你在不同时间用不同属性的身份的转化。可以说，斜杠的产生是以生产力的不断发展为前提，每个斜杠青年的不断努力，才造就了更加精彩的斜杠标签，以及奋进的斜杠文化。

互联网时代市场环境风云变幻，意味着企业在不同的发展阶段侧重点是不同的，每一天的挑战都不一样。企业在对新技术的探索和应用驱动之下，如何应对挑战，解决用户的实际需求，物质性竞争实力是远远不够的，在商业基于算法的大数据时代，数据驱动是一种利润信仰，而这背后提供强有力支撑算法的计量模型，在用户行为与营销中起到了决定性的作用，只有让数据产生商业价值，数据才能在实践中反复迭代变大，从而产生力量驱动改变。

而斜杠经济的应运而生，恰如其高效的组织能力和职业技能的混搭模式，彻底变革了传统社会的价值创造模式，斜杠化的信息收集和消费数据获取，使得扰动要素减少，企业能够更多的从不同的随机干扰线中找出相关系数较高的原本难以获取的贯穿数据背后的不可测因素，而这正是斜杠经济下每个副业从业者独有的创造力和生产力。

斜杠的争议主要在它是否是一种与现在社会的专业化和职业化相违背的职业观。工作效率的熟练来自劳动强度的培育。没有一定时间的积累，很难实现自己的专业化和职业化的行业积累。所以我们会尊重前人的常识、以及老师傅的技术经验，这都是经过劳动工人长期磨合探索出来的不同技术成果。我们短期内无法从一个基础的工业行业内获取专业技能，这样会直接影响一个人的熟练程度，关联着的是生产的产出减少，如果没有一定的积累做支撑，很难实现一个行业认知、产品认知，这样的生产力就难以保证。

斜杠来自更加深化的细分职业。

细分职业这个概念很容易理解，我有一个从事电影编导的徒弟，名字叫项福华，笔名费扬。基于一个外行的理解，我会认为他天然的是演员。但当我看到他的名片，上面写着演员 / 编剧 / 编导。原谅我对于电影行业的无知，但我能从他的名片上看到几个行业垂直领域的职业。编剧和编导是一个相似的职业却有着不同分工。他可以在演戏的同时给自己琢磨好一点的台词，换更合理的剧情，这是需要一定职业素养基础的。也就是说，斜杠的背景是当职业化进行到一定的阶段，需要细分职业化的过程时，进行的更加细分职业的标签化。

从医学上来讲，大分科：内科外科。针对对象：成人、儿科、法医、兽医。如果一个医生具有法医和兽医的从业执照，这时候他本身就是斜杠属性。斜杠不是不专业和另类的标签，反而是因为更专业和更高的认识水平和学习能力，才能实现相同时间的不同领域专业技能掌握。

从泛社会化的角度来看，每一个社会人都是斜杠的。

本书的目的就是为了这一批具有更专业职业技巧和更高的学习能力的人加深自己的专业化水平以及提升财商，以期能在用金钱衡量成功标准的商业社会实现自己更高的价值。专业化的高薪不仅仅是一种实现方式，也是一种渠道，但是如果不能了解一些相关的资产负债概念，真正地对消费和投资方式改变，就依然不能达到理想的生活状态。副业刚需仅仅是一种职业化的过渡，并不能成为长期财务自由之路的仰仗。

本书用四章来撰写，主要围绕着案例和方式方法展开。

本书的第一章是斜杠经济的介绍。会对斜杠经济的产生及其经济生活的变化进行解释，给大家一些斜杠青年的定义和群体化认知的范畴。方便了解斜杠青年这个概念以及斜杠青年的产生方式，为什么这么多年轻人都参与到斜杠经济的大潮中，什么样的人才算是斜杠青年，进行解读，是全书的引文，并采用了相应新闻和论文引证，从学理上给予一定的解读。

第二章从斜杠青年的职业发展和职业选择论证。斜杠本身也是专业化的一部分，专业化和职业化的培训才能造就斜杠人才，而非日结或者零工概念。而斜杠青年的职业技能背景需要兴趣爱好的辅助，对于职业和副业的选择上的影响是潜移默化的。继而解读商业经济中的企业对于斜杠人才的需求，表明斜杠经济是一种新时代工作分工的产物，并列举制造业、科创企业、金融业和文化产业等在经营业务中的斜杠化变化，以证明斜杠青年未来不可限量。并在本章最后给斜杠青年下个定义，明确副业和斜杠的区分，并强调斜杠的工作依然需要加强职业素养的学习和培训，否则容易违背社会价值观和职业伦理就不能称之为斜杠人才了。

第三章是副业刚需部分。给大家一些务实的副业刚需和财商基础教育的文字。副业部分重点把一些定义和概念进行罗列，并在字里行间将财务的紧迫性和现金流量表的控制放在重心。先谈副业刚需，再聊自由职业者从事斜杠经济所在行业的困难和实现路径，并对其工作表示肯定。并对斜杠青年灌输被动收益等理财知识，将斜杠的路径大致分为时间、资产、技能上的斜杠，基本上表明斜杠经济的未来解即财务自由本身的获取，不在副业刚需上，而在更好的财商教育和财务管理能力。

第四章是斜杠行业方法论部分。斜杠青年参与斜杠经济中，重要的是方法论的指导和引领，更确切地说，具备其他职业技能的年轻人如何在现有的职业或者空间时间之外探索自己的潜在能力。而不至于使此书变成一些励志作家或者造富小说家手中的无数穷小子逆袭亿万富翁的案例的"致富经"。

斜杠青年不仅仅是功成名就以及简单的财务自由，更是将自己的爱好最大化满足，能够在自己理想的道路上前行，是一件满怀着魄力和勇气的事情，并不是每个人都能引领时代的发展，最后的成功一定属于斜杠青年。在章节的最后做了一番由衷的感谢。

希望大家阅读了这本书之后，能收获自己需要的知识，提升职业素养的同时改进财务状况，实现斜杠经济本来的意义。